サンプルファイルについて

　本書で紹介しているサンプルファイルは秀和システムのホームページからダウンロードできます。
　サンプルファイルのあるページへは以下の方法で移動できます。

●サンプルファイル　ダウンロードページ
　http://www.shuwasystem.co.jp/support/7980html/3065.html

●秀和システムのホームページトップから移動する方法
　①ブラウザのURL欄に　http://www.shuwasystem.co.jp/　と入力
　②ホームページ右上の「Googleカスタム検索」欄に「マンガでわかるAndroidプログラミング」と入力して検索
　③検索結果から「マンガでわかるAndroidプログラミング」の書籍ホームページへ移動
　④ページ真ん中あたりの「サポート情報へ」(黄色いバー)をクリック
　⑤サポートページに移動するのでダウンロードと書かれたアイコンをクリック

■注意

1. 本書は著者が独自に調査した結果を出版したものです。
2. 本書は内容において万全を期して制作しましたが、万一不備な点や誤り、記載漏れなどお気づきの点がございましたら、出版元まで書面にてご連絡ください。
3. 本書の内容の運用による結果の影響につきましては、上記2項にかかわらず責任を負いかねます。あらかじめご了承ください。
4. 本書の全部または一部について、出版元から文書による許諾を得ずに複製することは禁じられています。

■商標等

・本書に登場するシステム名称、製品名等は一般に各社の商標または登録商標です。
・本書に登場するシステム名称、製品名等は一般的な呼称で表記している場合があります。
・本書では©、TM、®マークなどの表示を省略しています。

はじめに

「『Android』向けのアプリケーション開発というと、なんだか難しそう。本屋さんで売っている本は分厚い本が多いし、大変そう。もっと簡単に読めて、すぐにアプリケーションを作れるような本はないのかなあ？」

　あります。この本こそが、そういったあなたが求める本です。本書は、そういった「分かりやすくて簡単な本が欲しい！」といった人たちに向けて書かれた本です。

「そうは言っても、プログラムの本だから難しいんでしょう？」

　そんなことはありません。本書は「マンガ」で「Android」開発の勘所を分かりやすくお伝えします。

「分厚い本は、読むのが面倒なんだよなあ」

　大丈夫です。本書は厳選した内容で、短時間でサクッと読めるようにしています。

「でも、内容が薄いと実際にアプリケーションを作るのには役に立たないんじゃないの？」

　心配御無用。本書には、アプリケーションのサンプルとソースコードがきっちりと入っています。それも、シンプルで実用的なアプリケーションたちです。

「でも、結局ソースコードは読み飛ばすしなあ」

　それは、読みやすいように書かれていないソースコードですね。

　本書では、サンプルアプリのソースコードを、マンガのキャラクターたちの解説付きで掲載しています。ソースコードを普段読み飛ばすという人でも、どこがポイントで、何をしているのかを分かりやすく示しているので、興味深く読み進められます。

「ふーん。けっこう面白そうな本だね」

　興味を持った方は、是非本書の中身に目を通してください。本書を読めば、「Android」の開発環境構築から、簡単なアプリケーション作成までを身に付けることができます。

　普段プログラムは書いているけど、「Android」の開発方法は知らないという人は、本書で1～2時間、マンガを読みながら学習してください。すぐに「Android」向けのアプリケーションの作り方が分かるでしょう。

　それでは前置きはこのぐらいにしましょう。みなさん、マンガを楽しみながら、「Android」向けアプリケーションの開発を学んでいってください。

もくじ

はじめに..3

第1話
Androidって何？
この本の内容
6

第2話
開発環境を作ろう
開発環境の構築
12

第3話
アプリを作って実行しよう
新規アプリの作成と実行
32

第4話
印籠アプリ
Androidアプリの構成とActivity
44

第5話
割引計算機
XMLレイアウト、ビューのリスナー
60

第6話
忘れ物メモ帳
ListActivity、ダイアログ、データ入出力
82

もくじ

第7話
デバッグ
Androidアプリのデバッグ方法 …… 100

第8話
1コママンガ
画像の読み書き、描画、SDカードの利用 …… 106

第9話
ヒゲとメガネ
通信、画面タッチ …… 130

第10話
ラーメンタイマー
Androidのスレッド、音の再生 …… 154

第11話
ランダムWikipedia
WebViewを利用したブラウザ、メニュー …… 174

第12話
早撃ちガンマン
複数のActivity、Intent …… 188

第13話
終わりに
参考になるWebサイト …… 232

さくいん……………………………………236

第1話
Androidって何？

第1話　Androidって何？

第1話　Androidって何？

❖この本の内容

　本書は「Android」向けアプリケーションの開発を、マンガとソースコードで手軽に学習するための本です。
　各章では、まずはマンガでその章の要点を紹介します。その後必要に応じて文章で解説を加え、続けて実際のアプリケーションのソースコードを掲載します。ソースコード内のポイントとなる点は、マンガのキャラクターを利用して解説を行います。

　「Android」のアプリケーションはJavaを利用して作成します。本書では、読者がある程度Javaを使いこなせるという前提で説明を行います。Javaを使ったことがない方は、本書に加えてJavaの解説書を併用するとよいでしょう。また開発環境はWindowsを対象としています。
　本書の構成は以下のようになっています。

▼本書の構成

章	タイトル	内容
2	開発環境を作ろう	開発環境の構築
3	アプリを作って実行しよう	新規アプリの作成と実行
4	印籠アプリ	Androidアプリの構成とActivity
5	割引計算機	XMLレイアウト、ビューのリスナー
6	忘れ物メモ帳	ListActivity、ダイアログ、データ入出力
7	デバッグ	Androidアプリのデバッグ方法
8	1コママンガ	画像の読み書き、描画、SDカードの利用
9	ヒゲとメガネ	通信、画面タッチ
10	ラーメンタイマー	Androidのスレッド、音の再生
11	ランダムWikipedia	WebViewを利用したブラウザ、メニュー
12	早撃ちガンマン	複数のActivity、Intent

　本書には、「Android」の開発に必要な情報を全て盛り込んでいるわけではありません。「Android」開発の初心者が、簡単にシンプルな機能のアプリを作るためのエッセンスを詰め込んだものです。
　この本で開発のコツを掴んだあとは、さらに高度な本を読み、複雑なアプリケーションの開発に挑戦してください。

第 1 話　Androidって何？

▶️キャラクター紹介

◆プロ部
必修クラブ。プログラムをマスターするためのクラブ活動。

◆安見 遊（やすみ ゆう）

通称「スリーパー遊」。体を動かしたくない面倒くさがり屋の女の子。
楽らしいという噂を聞き、プロ部に入る。

◆高美舎 麗（たかびしゃ れい）

通称「お嬢」。遊に対抗心を燃やす。
くじ運が悪く、テニス部を狙っていたが、プロ部になってしまう。

◆内木 守（うちき まもる）

おっとり君。遊の幼馴染。
いつも遊に振り回される。そしてプロ部に入る羽目に。

◆桑立 謀（くわだて はかる）

先生。プロ部の担当。昼行灯。
なぜか、プログラムが得意。

第 2 話　開発環境を作ろう

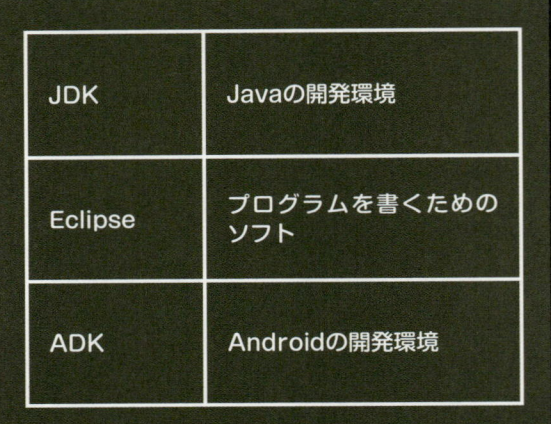

第2話　開発環境を作ろう

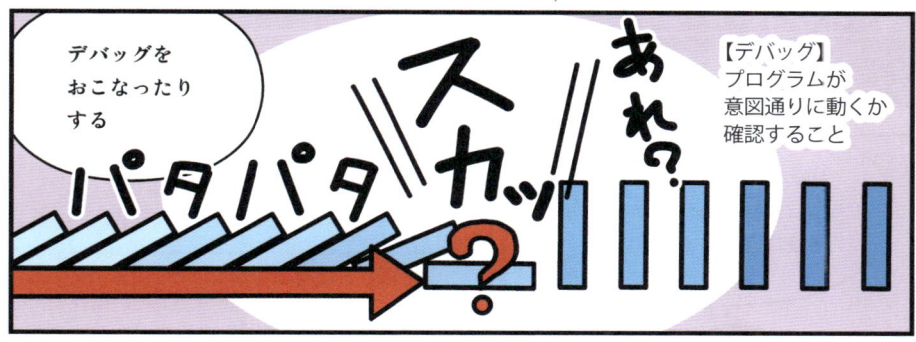

入手する開発環境	検索エンジン用のキーワード	URL
JDK	JDK	http://java.sun.com/javase/ja/6/download.html
Eclipse	Eclipse 日本語化	http://mergedoc.sourceforge.jp/
ADK	Android SDK	http://developer.android.com/sdk/

※ Googleなどで、検索エンジン用のキーワードを入力して入手すると楽です。

❶ インストール完了後の画面で[Available packages]を選択

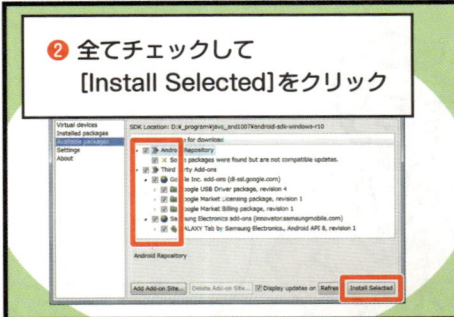

❷ 全てチェックして[Install Selected]をクリック

❸ [Accept All]にチェック[Install]をクリック

第 2 話　開発環境を作ろう

1 ADTプラグインの導入

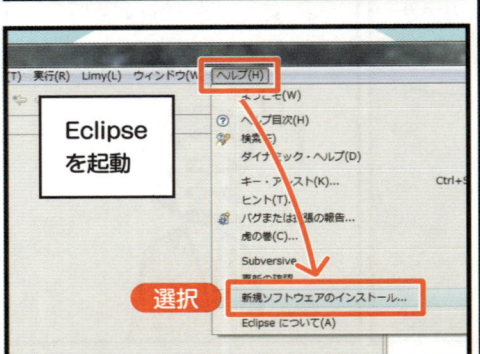

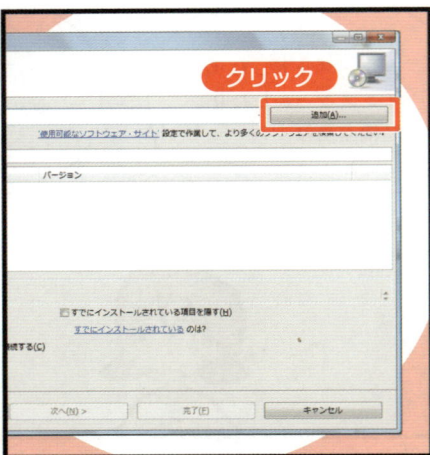

https://dl-ssl.google.com/android/eclipse/ と入力して[OK]をクリック

※失敗時はhttpsをhttpに変える

あとは指示に従えばいい

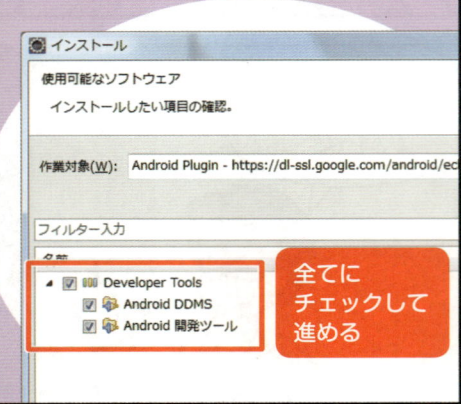

全てにチェックして進める

第2話 開発環境を作ろう

2 ADKのパスを設定

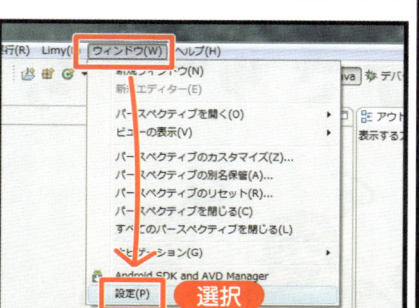
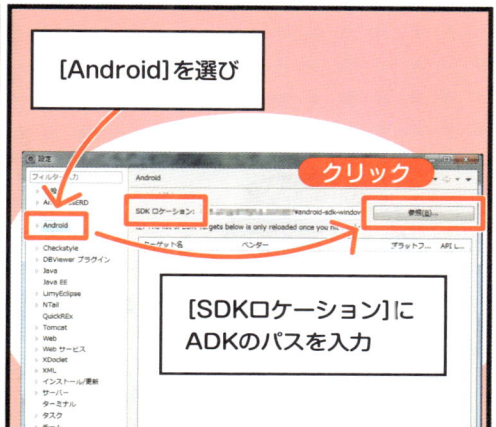

3 AVDの作成
【AVD】Android Virtual Device

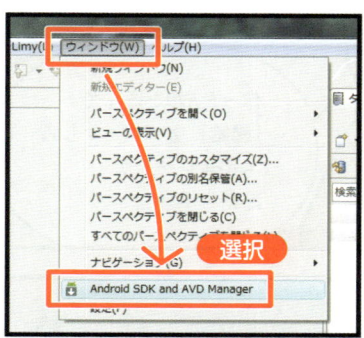
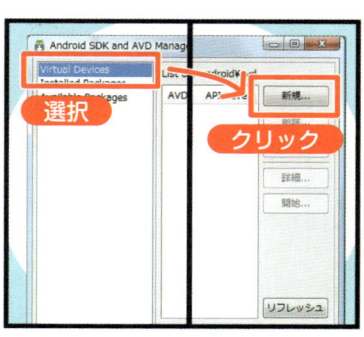
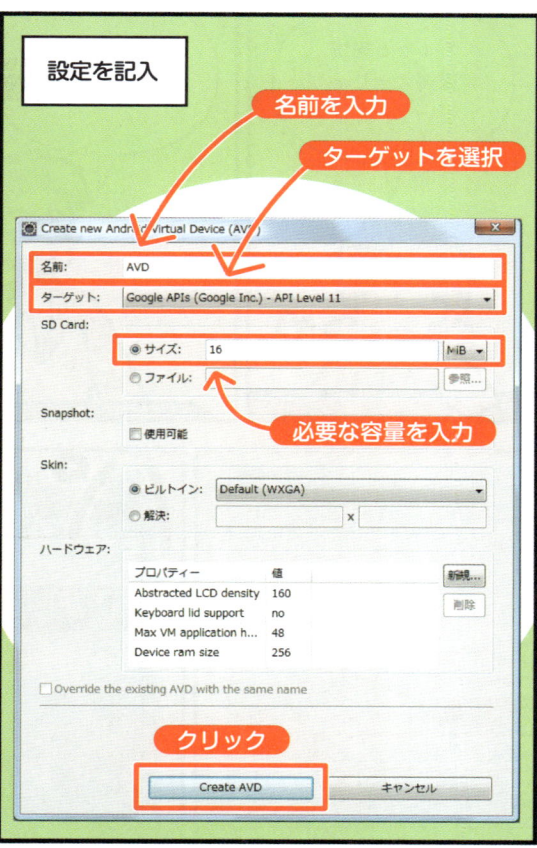

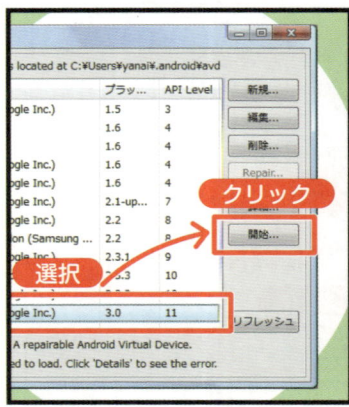

第2話　開発環境を作ろう

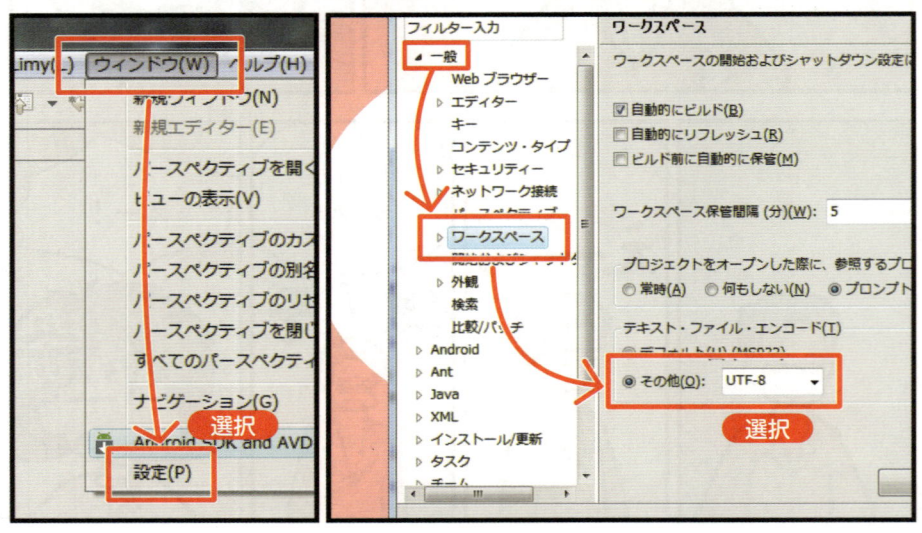

第2話 開発環境を作ろう

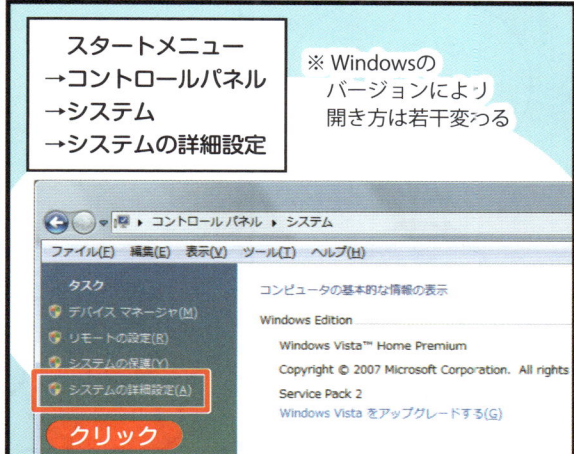
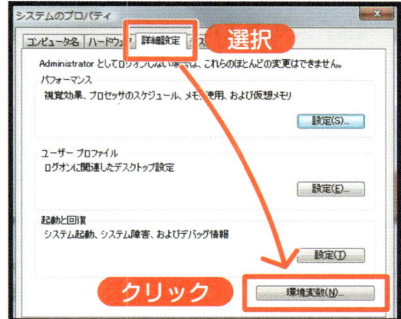
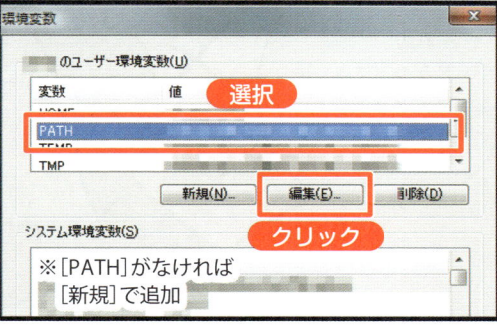
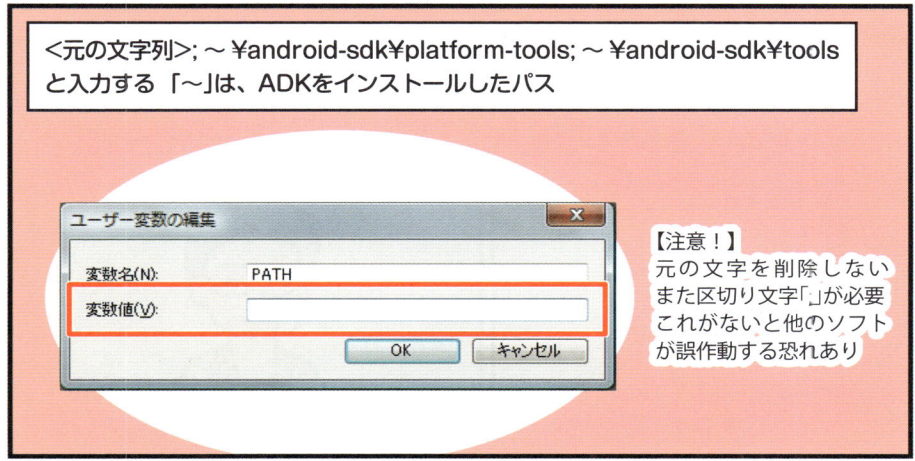

第 2 話　開発環境を作ろう

➔「Android」開発環境構築の補足

　「Android」の開発環境を作るのはかなり面倒です。必要なファイルは全て無料で入手することができますが、自分で作業をしなければならないことが多いです。
　また、ダウンロードしなければならないファイルの合計サイズが大きく、通信環境が悪い場合はかなりの時間を取られます。加えて「Android」の開発環境は、年に何度かメジャーアップデートが行われ、その度に構築方法が変わったりします。
　そのため「Android」の開発環境の作成には、少しばかりの忍耐が必要になります。マンガを参考にして、腰を据えて開発環境を作ってください。

　「Android」では、OSのバージョンを表す数字として1.6、2.3、3.0といった数字以外に、4、9、11といった小数点の付かない数字が出てきます。
　前者の1.6、2.3、3.0といった数字は「プラットフォーム」と呼ばれるものです。これは、人間が把握しやすいようにした、OSのバージョン番号です。「Android」のアプリケーションを開発する際には、この数字を使うことはありません。
　後者の4、9、11といった数字は「API Level」と呼ばれるものです。こちらはプログラム向けの数字です。「Android」アプリケーションの開発時には、この数字を使います。以下、代表的な「プラットフォーム」と「API Level」の対応表を掲載します。

▼「プラットフォーム」と「API Level」の対応表

プラットフォーム	API Level
1.5	3
1.6	4
2.1	7
2.2	8
2.3	9
2.3.3	10
3.0	11

　「AVD (Android Virtual Device)」を作成する際には、同じ「API Level」として「Android 3.0」といったターゲットと「Google APIs (Google Inc.)」といったターゲットの2種類が選択肢に現れます。

「Google APIs (Google Inc.)」を選択すれば、Google固有の機能（Googleマップなど）が利用可能になります。「Android ～」を選択すれば、Google固有の機能が含まれていない、オープンソース部分のみの「Android」を利用できます。

　実際に販売されている「Android」端末のほとんどは、Google固有の機能が含まれています（海外で一部の例外があります）。そのため特に理由がなければ「Google APIs (Google Inc.)」を選択して「AVD」を作成した方がよいでしょう。

　本書では、Google固有の機能を使わないので、マンガでは「Android ～」を選択するようにしています。将来的に、さらに複雑なアプリケーションを作る場合は「Google APIs (Google Inc.)」を選択してください。

　また「AVD」は複数作ることができます。各種「Android」環境のチェック用に、それぞれの「API Level」の「AVD」を作り、アプリケーションの実行確認をするとよいでしょう。

上手くいかない場合のTIPS

　Androidの開発で、意図通りの動作ができない場合のTIPSを掲載します。アプリケーションのインストールなど、後の章で解説を行っている内容もありますが、同じ場所に情報がまとまっていた方が便利だと思いますので、ここにまとめておきます。

◆マシンパワーが足りない場合

　「AVD」の実行にはマシンパワーが必要です。「AVD」は単なるアプリケーションではなく、「Android」OS（実態はLinux）をエミュレーションした「エミュレータ」です。そのために、Windowsの上で、もう1つOSを動かして、その上でアプリケーションを実行している状態になります。

　「AVD」実行時に警告メッセージが出たり、「AVD」の起動に数分掛かるような場合は、開発に使用しているマシンの能力が不足している可能性が高いです。そういった場合は、より高い処理能力のCPUを搭載したマシンを購入した方が、開発が効率的になります。

◆「AVD」の調子が悪くなった場合

　「AVD」は頻繁に調子が悪くなります。たとえば、「Eclipse」との連携ができなくなったり、通信系のアプリケーションで通信ができなくなったりします。そ

の場合は以下の手順を試してください。問題が解決します。

手順A「Eclipse」との連携ができなくなった場合
① 「AVD」を終了する。実機をUSBで接続している場合はUSBも抜く。
② 「Eclipse」を終了する。
③ 「コマンド・プロンプト」を起動する。
④ 「adb kill-server」と入力して[Enter]キーを押す。
⑤ 「Eclipse」を再度起動する。
⑥ 「AVD」を再度起動する。

手順B 通信系のアプリケーションで通信ができなくなった場合
① 「AVD」を終了する。
② 「AVD」を再度起動する。

　「コマンド・プロンプト」に入力した「adb」は、「Android」の開発で頻繁に利用するアプリケーションです。「adb」は「Android Debug Bridge」の略になります。「adb」はデバイス（「AVD」や実機）と通信を行い、各種命令を送り込みます。
　この「adb」は、Windowsの「コマンド・プロンプト」から操作できます。「adb」と入力して[Enter]キーを押すと、ヘルプが表示されますので参考にしてください。

◆アプリケーションがインストールできなくなった場合

　アプリケーションがデバイスにインストールできなくなることがあります。この理由は2つあります。
　1つ目は、デバイス内の容量が足りていないことです。多数のアプリケーションや、容量の大きいアプリケーションをインストールしている場合には、アプリケーションのインストール領域の容量が不足している可能性があります。この場合、新規アプリケーションはインストールできません。
　こういった現象が起こった際は、いくつかのアプリケーションをアンインストールする必要があります。
　以下、アプリケーションのアンインストール方法を示します。

手順A デバイスでの操作（Android 2.3以降）

❶ デバイスのホーム画面で［MENU］キーを押す。
❷ メニューから［Manage apps］を選択する。
❸ 削除したいアプリケーションを選んで［Uninstall］ボタンを押す。

手順B デバイスでの操作（Android 2.2以前）

❶ デバイスのホーム画面で［MENU］キーを押す。
❷ メニューから［Settings］を選択する。
❸ リストから［Applications］を選択する。
❹ リストから［Manage applications］を選択する。
❺ 削除したいアプリケーションを選んで［Uninstall］ボタンを押す。

　アプリケーションのインストールができなくなる理由の2つ目は、アプリケーションのバッティングが発生している場合です。

　同じパッケージ名のアプリケーションで、署名（3章本文で解説）が異なっているアプリケーションが既にインストールされている場合は、インストールに失敗します。その場合は、既にインストールしているアプリケーションをアンインストールしてから、新たなアプリケーションをインストールする必要があります。

　この現象は、デバッグ用のアプリケーション（デバッグ用の署名がされている）と、公開用のアプリケーション（公開用の署名がされている）を作成した場合に発生します。これらのアプリケーションは、パッケージ名が同じでも作成者が違うと見なされるため上書きができません。

　こういった現象が発生した場合は、アプリケーションを普通にアンインストールしても問題は解決しません。通常の方法でアンインストールした場合は、アプリケーションは完全に削除されず、デバイス内にデータが残るからです。完全にアンインストールを行うためには、「adb」を利用して全てのデータを削除する必要があります。

　以下、アプリケーションの完全なアンインストール方法です。「adb」を利用することで、アプリケーションはデバイスから完全に削除されます。

手順 アプリケーションの完全削除
- ❶「コマンド・プロンプト」を起動する。
- ❷「adb uninstall com.crocro.android.sample（アプリケーションのパッケージ名。適宜書き換え）」と入力して[Enter]キーを押す。

◆開発環境をアップデートして動作しなくなった場合

　開発環境のアップデート後、「Eclipse」を起動しても「ADK」が正しく実行できない場合があります。こういった現象が発生した場合は、開発環境を1から作り直してください。「Android」がメジャーアップデートした後には、こういった現象が発生することがあります。

第 2 話　開発環境を作ろう

2

第3話
アプリを作って実行しよう

第3話 アプリを作って実行しよう

第3話 アプリを作って実行しよう

Androidプロジェクトの作成

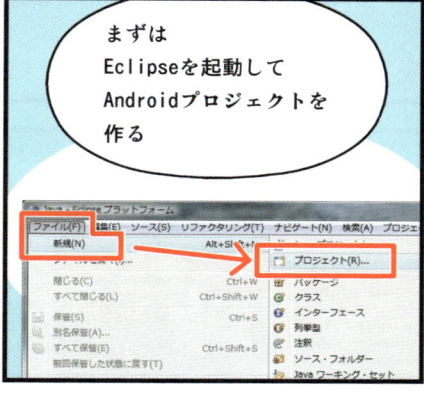

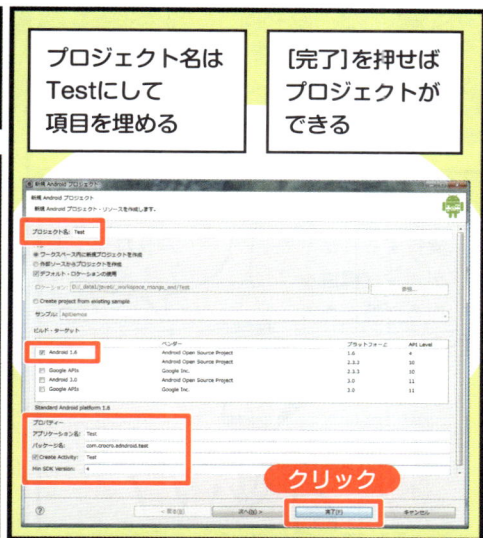

まずはEclipseを起動してAndroidプロジェクトを作る

プロジェクト名はTestにして項目を埋める

[完了]を押せばプロジェクトができる

クリック

ビルド・ターゲットはAndroidのどのバージョン向けかの設定になる

最小バージョンはMin SDK Versionで設定できる

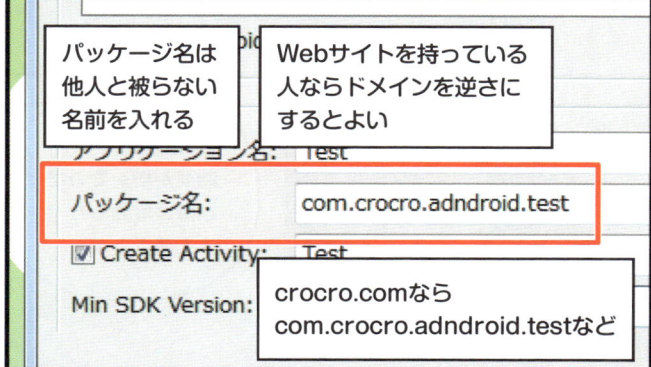

「4」は Android 1.6を表す

パッケージ名は他人と被らない名前を入れる

Webサイトを持っている人ならドメインを逆さにするとよい

crocro.comならcom.crocro.adndroid.testなど

とりあえずここまでで実行してみるぞ

アプリケーションの実行

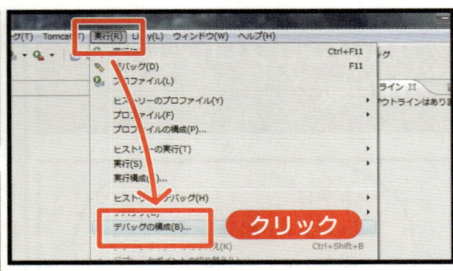

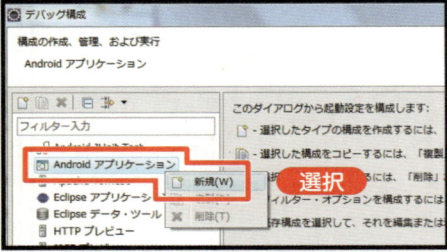

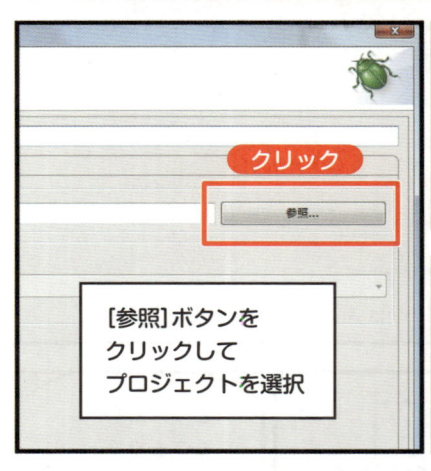

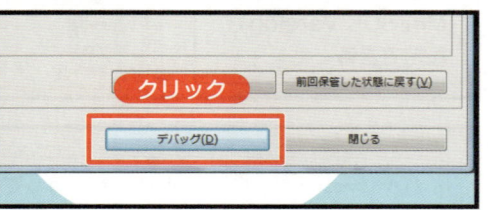

アプリを実行するにはデバッグ構成を作る必要がある

手順はこうだ

クリック

選択

クリック（参照...）

[参照]ボタンをクリックしてプロジェクトを選択

[名前]入力欄にアプリ名を記入

クリック（デバッグ(D)）

こうすればAVDが起動してアプリが実行される

AVDは起動に時間が掛かるので以降は起動したまま使うとよい

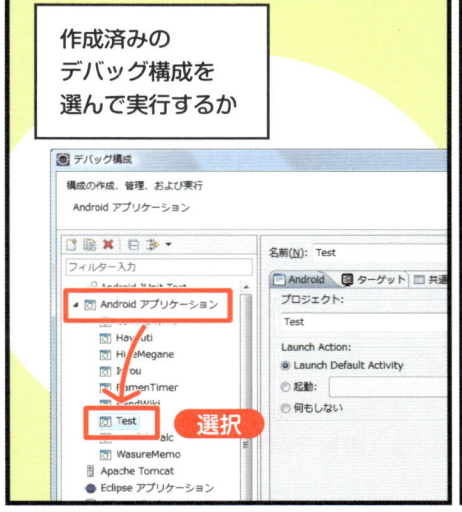

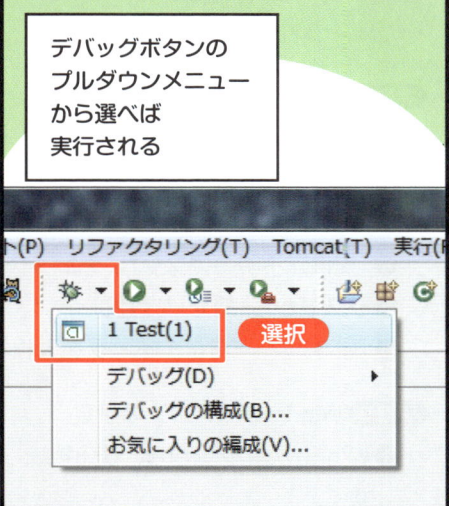

第3話　アプリを作って実行しよう

毎回こんな面倒なことをするの？

2回目以降は簡単だ

作成済みのデバッグ構成を選んで実行するか

デバッグボタンのプルダウンメニューから選べば実行される

というわけで次回はアプリを改造しながら

Androidアプリ特有の仕様を解説するぞ

実機で実行する方法

「Android」の開発では、「AVD」を使うだけでなく実機も利用できます。実機には「Dev Phone」（開発者用の端末/正式名称「Develop Phone」）や、市販のデバイスがあります。

実機には「AVD」にはないメリットがあります。タッチパネルや各種センサーといった、パソコンでは使用感が分からない機能を直接利用できます。また、実機はOSのエミュレートが不要なので、「AVD」よりも高速に動作します。逆に「AVD」では、多くの「API Level」のデバイスを試せるなどのメリットもあります。

ここでは、市販のデバイスを利用した開発方法を紹介します。この方法は、販売されているデバイスによって違います。同じ方法で上手くいかない場合は、その端末の名前で情報を検索してください。

手順A デバイスの設定

❶ [MENU]キーを押す。
❷ メニューから[設定]を選択。
❸ リストから[アプリケーション]を選択。
❹ [提供元不明のアプリ]にチェックを入れる。
❺ リストから[開発]を選択。
❻ [USBデバッグ]にチェックを入れる。

手順B Windowsパソコンの設定

❶ Windowsマシンから、USB接続している大容量デバイスのケーブルを全て抜く。
❷ Windowsマシンに、デバイスをUSBケーブルで接続する。
❸ Windowsの「コントロールパネル」から「デバイスマネージャ」を開く。
❹ [ユニバーサルシリアルコントローラー]を展開する。
❺ [USB 大容量記憶装置]を右クリックして、メニューから[削除]を選ぶ（表示されているものを全て削除する）。
❻ 「ドライバソフトウェアの更新」ダイアログが出る（出ない場合はデバイスを抜き差しする）。
❼ ドライバの参照先を求められるので、「ADK」をインストールしたフォルダ内にある「extras¥google¥usb_driver」フォルダを選択する。

実行するデバイスの切り替え方

　開発の過程で「AVD」と実機のように、複数のデバイスを利用する場合があります。「ADK」では、複数のデバイスの中から、アプリケーションのインストール先やデバッグ対象とするデバイスを切り替えることができます。

　対象とするデバイスを変更したい場合は、「デバッグの構成」の「ターゲット」を「手操作」に切り換えます。

　「デバッグの構成」を新たに作成した場合は、通常この「ターゲット」が「自動」になっています。「手操作」にした場合は、デバッグ構成を実行する度に、どの「ターゲット」(対象となるデバイス)にアプリケーションをインストールするか確認するダイアログが表示されるようになります。

　以下、「ターゲット」を変更するための手順です。「7章デバッグ」のマンガの中でも図入りで解説しています。

手順　「ターゲット」の変更
① 「Eclipse」のメニューの[実行]から[デバッグの構成]を選択する。
② 「Androidアプリケーション」メニューの中からアプリケーションを選択する。
③ [ターゲット]タブを選択する。
④ [手操作]にチェックを入れる。

keystoreファイルの作成

　作成したアプリケーションを「Android」のデバイス上で動作させるためには、特殊な加工が必要になります。「keystore」というファイルを利用して、各アプリケーションに「署名」を行わなければなりません。

　この「署名」は、デバッグ時には自動で行われます。「Android」の開発環境には、デバッグ用の「keystore」が用意されています。アプリケーションをデバイスで実行する際には、このファイルで「署名」が行われます。

　開発者は、こういった仕組みを気にする必要はありません。全ては自動で処理されます。

　しかし、作成したアプリケーションを「Androidマーケット」に公開する際は、この仕組みを把握していなければなりません。公開用のアプリケーションには、開発者固有の「keystore」で「署名」をする必要があるためです。

ここでは「keystore」ファイルの作り方を説明します。そして次の項で、この「keystore」を利用した「署名」の方法を紹介します。

手順 「keystore」ファイルの作成

❶ コマンド・プロンプトを開き、Java SDKの「bin」ディレクトリに移動する（直接ディレクトリを開くか、「cd」コマンドを利用してディレクトリを移動する）。

❷ 「keytool -genkey -v -keystore C:/my-release-key.keystore（作成ファイルのパスを入力する。適宜変更する）-alias my-release-key（適宜変更して独自の鍵の名前を付ける）-keyalg RSA -validity 10000」と入力して[Enter]キーを押す。

❸ 「キーストアのパスワードを入力してください」と表示されるので、パスワードを入力する。

❹ 以下の質問に答えていく（入力例つき）。

　① 姓名を入力してください。
　　 [Unknown]: Hoge Hoge
　② 組織単位名を入力してください。
　　 [Unknown]: Development
　③ 組織名を入力してください。
　　 [Unknown]: My company
　④ 都市名または地域名を入力してください。
　　 [Unknown]: Yokohama
　⑤ 州名または地方名を入力してください。
　　 [Unknown]: Kanagawa
　⑥ この単位に該当する2文字の国番号を入力してください。
　　 [Unknown]: jp
　⑦ CN=Hoge Hoge, OU=Development, O=My company, L=Yokohama, ST=Kanagawa, C=jpでよろしいですか？
　　 [no]: yes

❺ 「keystoreファイル」の作成が始まる。

❻ 「<my-release-key>（2で入力した鍵の名前）の鍵パスワードを入力してください。」と表示されるので、パスワードを入力する。

配布ファイルの出力方法

「署名」の行われた配布ファイルの出力は「Eclipse」から行えます。前項で作成した「keystore」を利用して、以下の手順で配布ファイルを出力します。

手順 署名つき配布ファイルの出力

① 「Eclipse」の［パッケージ・エクスプローラー］から、出力したいプロジェクトを選び右クリックする。
② メニューから［Android ツール］－［Export Signed Application Package］を選ぶ。
③ 「Export Android Application」ダイアログが表示されるので［次へ］ボタンを押す。
④ 「Keystore selection」ページになるので、「Use existing keystore」を選択。
⑤ ［ロケーション］の［参照］ボタンをクリックして「keystore」ファイルを選択。
⑥ ［パスワード］に「キーストアのパスワード」を入力して［次へ］ボタンを押す。
⑦ 「Key alias selection」ページになるので、［Use existing key］を選択。
⑧ ［エイリアス］から作成した鍵を選択して［パスワード］に「鍵パスワード」を入力。
⑨ ［次へ］ボタンを押す。
⑩ 「Destination and key/certificate checks」ページになるので、［Destination APK file］の［参照］ボタンを押して出力先とファイル名を設定する。
⑪ ［完了］ボタンを押す。

アイコンの変更方法

アプリケーションを配布する際には、自前のアイコンを使用したいと考えるでしょう。アイコンの変更は、アプリケーションにあらかじめ用意されている画像を差し替えることで行えます。

「Android」のアイコンは、複数のサイズが用意されています。これは、異なる解像度のデバイスで、適切なサイズの画像を選んで利用する仕組みになっているからです。

以下、アイコンの保存されているパスと、画像のサイズを掲載します。画像を上書きすることで、アイコンを変更できます。

▼アイコンのパスとサイズ

アイコンのパス	画像サイズ
res¥drawable-hdpi¥icon.png	72×72
res¥drawable-ldpi¥icon.png	36×36
res¥drawable-mdpi¥icon.png	48×48

▶「AndroidManifest.xml」の解説

「AndroidManifest.xml」は、Androidアプリケーションの設定が書き込まれたファイルです。以下にサンプルを掲載します。

▼「AndroidManifest.xml」

```xml
<?xml version="1.0" encoding="utf-8"?>
<manifest xmlns:android="http://schemas.android.com/apk/res/android"
      package="com.crocro.adndroid.test"
      android:versionCode="1"
      android:versionName="1.0">
    <uses-sdk android:minSdkVersion="4" />

    <application android:icon="@drawable/icon" android:label="@string/app_name">
        <activity android:name=".Test"
                  android:label="@string/app_name">
            <intent-filter>
                <action android:name="android.intent.action.MAIN" />
                <category android:name="android.intent.category.LAUNCHER" />
            </intent-filter>
        </activity>

    </application>
</manifest>
```

◆android:versionCode

この値は、アプリケーションを「Androidマーケット」に公開した後、バージョンアップを行う際に利用します。

マーケットに公開したアプリケーションをバージョンアップする際は、

「android:versionCode」の値を1ずつ大きくしていきます。「Androidマーケット」では、この数字が大きくなっているかどうかを確認して、新しいファイルかどうかを判断します。

◆android:versionName

人間用のバージョン表記です。メジャーバージョンアップした際は小数点以上を、マイナーバージョンアップの際は小数点以下の数字を大きくします。

◆android:minSdkVersion

最低限要求する「Android」の「API Level」です。この数字以上の環境でしか動作しないということを表しています。

上記の例では「4」という数値が指定されています。この設定は、「Andrcid 1.6」以上では動作するが、「Android 1.5」以下では動作しないということを表しています。

◆アプリケーションの名前

「application」タグの「android:label」属性の値が、アプリケーションの名前になります。ここでは、「@string/app_name」が指定されています。

この値の実体は「res¥values¥strings.xml」内の「<string name="app_name">」の値になります。アプリケーション名を変更したい場合は、この「string」タグの値を書き換えてください。

●「res¥values¥strings.xml」

```
<?xml version="1.0" encoding="utf-8"?>
<resources>
    <string name="hello">Hello World, Test!</string>
    <string name="app_name">Test</string>
</resources>
```

第 4 話
印籠アプリ

前回は
ハロー ワールドを
表示するアプリを
作った

今回はその応用で
印籠アプリを作る

水戸黄門に
なれるの？

それは無理

今回作るのは
みんなの座右の銘を
表示するアプリだ

座右の銘

第4話　印籠アプリ

それでは　まず Androidアプリ特有の仕様 Activityの説明をする

ActivityはWindowsのウィンドウのようなものだ

Window ≒ Activity

Androidのアプリはまずは Activityが呼び出される

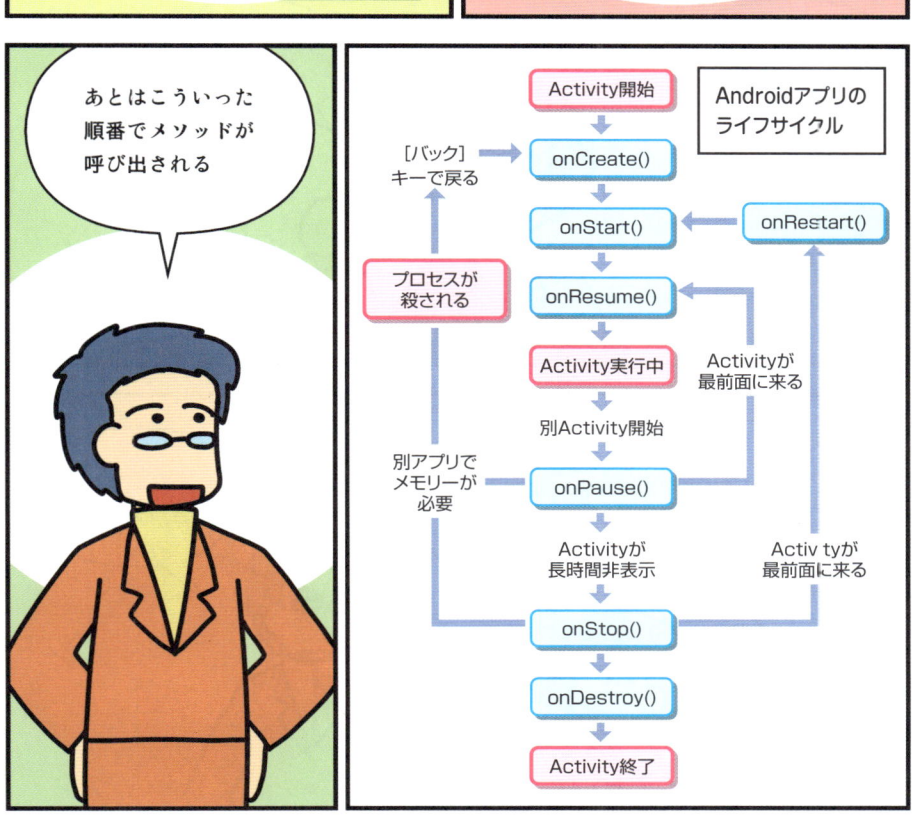

そして onCreate()が実行される

ポンッ　ウィーン

onCreate

あとはこういった順番でメソッドが呼び出される

Androidアプリのライフサイクル

Activity開始
↓
onCreate() ← [バック]キーで戻る
↓
onStart() ← onRestart()
↓
onResume() ← Activityが最前面に来る
↓
Activity実行中
↓
別Activity開始
↓
onPause() ← 別アプリでメモリーが必要
↓
onStop() ← Activityが最前面に来る
↓ ↑ Activityが長時間非表示
onDestroy()
↓
Activity終了

プロセスが殺される

ここで少し
Javaについて
おさらいを
しておこう
私は分かり
ますが…
ああ
遊のため
ですね
そうだ
遊の記憶力には
何の期待もして
いないからな
いいか遊
Javaはクラスと
パッケージを
押さえておけば
なんとなく分かる
へー
なんとなくね
どうせ私には
難しすぎると
思っているん
でしょう
みなまで
言わせるな

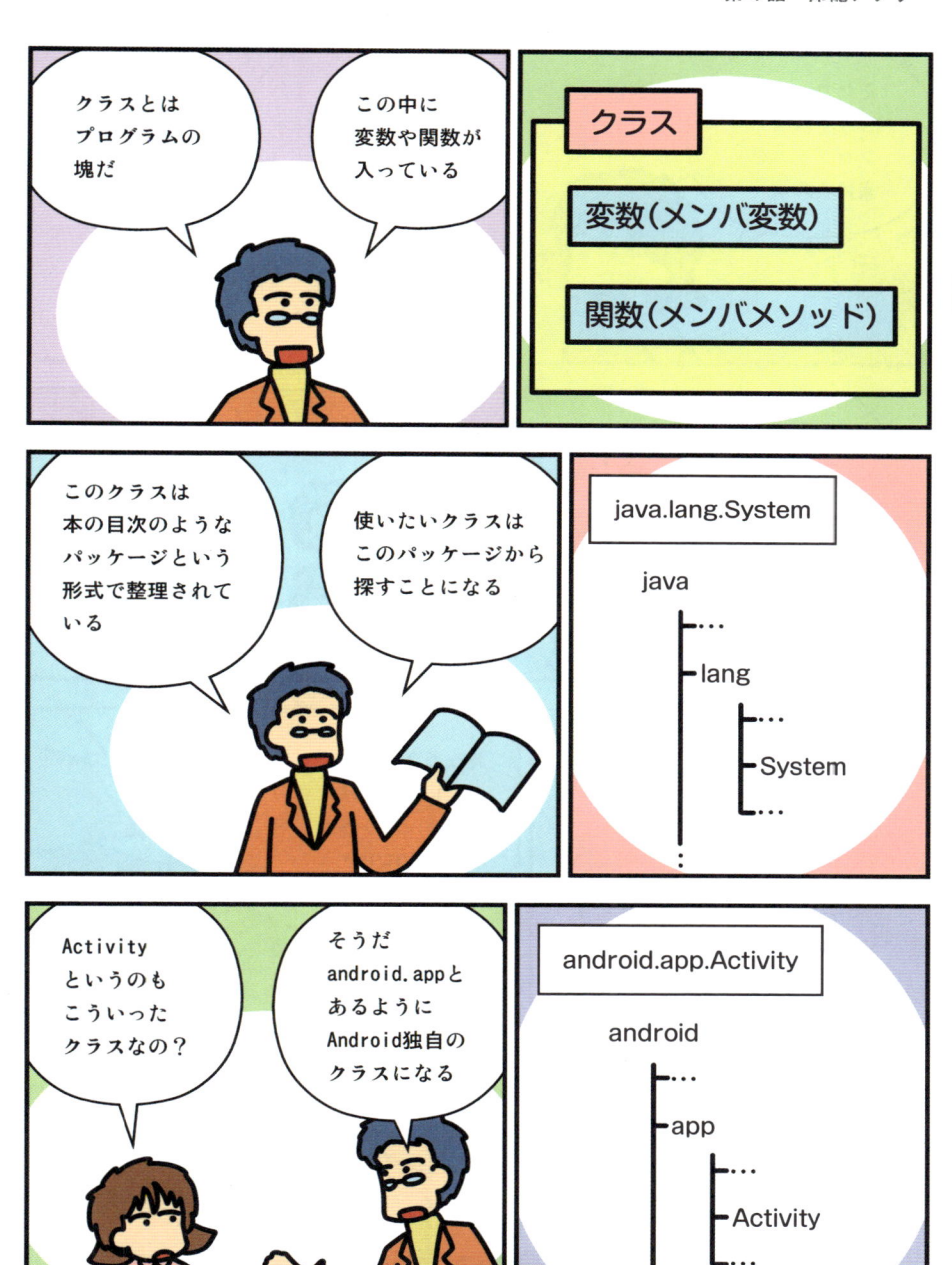

第4話　印籠アプリ

クラスとは
プログラムの
塊だ

この中に
変数や関数が
入っている

```
クラス
  変数(メンバ変数)
  関数(メンバメソッド)
```

このクラスは
本の目次のような
パッケージという
形式で整理されて
いる

使いたいクラスは
このパッケージから
探すことになる

```
java.lang.System

java
 ├…
 └lang
    ├…
    └System
       └…
 ⋮
```

Activity
というのも
こういった
クラスなの？

そうだ
android.appと
あるように
Android独自の
クラスになる

```
android.app.Activity

android
 ├…
 └app
    ├…
    └Activity
       └…
 ⋮
```

それで
どうやれば
プログラムを
書けるのよ
Activityを
継承する
継承？
一子相伝の
拳法？
あちょーっ
違う
少し説明すると
Javaのクラスは
自動車みたいな
ものなんだ
買ってきた車は
ステレオを付けたり
色を塗ったり改造して
自分の車にできる
継承したクラスも
変数やメソッドを
追加したり
メソッドの
中味を上書きして
自分のクラスに
できるんだ

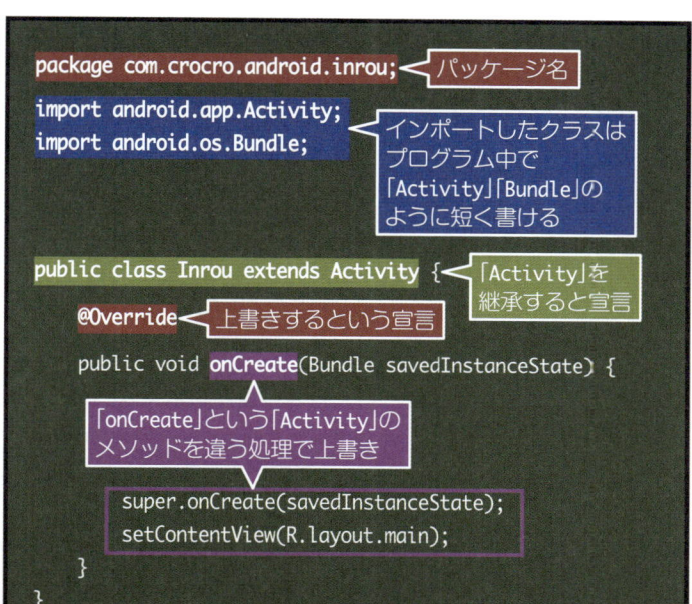

第4話　印籠アプリ

```
package com.crocro.android.inrou;
import android.app.Activity;
import android.os.Bundle;

public class Inrou extends Activity {
    @Override
    public void onCreate(Bundle savedInstanceState) {
        super.onCreate(savedInstanceState);
        setContentView(R.layout.main);
    }
}
```

- パッケージ名
- インポートしたクラスはプログラム中で「Activity」「Bundle」のように短く書ける
- 「Activity」を継承すると宣言
- 上書きするという宣言
- 「onCreate」という「Activity」のメソッドを違う処理で上書き

というわけでプロジェクト作成時に自動生成されたInrouクラスを見てみよう

このソースではアプリ実行直後に呼ばれるonCreateを上書きしている

処理の内容はR.layout.mainを表示するというものだ

R.layout.mainって何？

謎の呪文ではぐらかさないで

えー まあ謎の呪文だよなあ

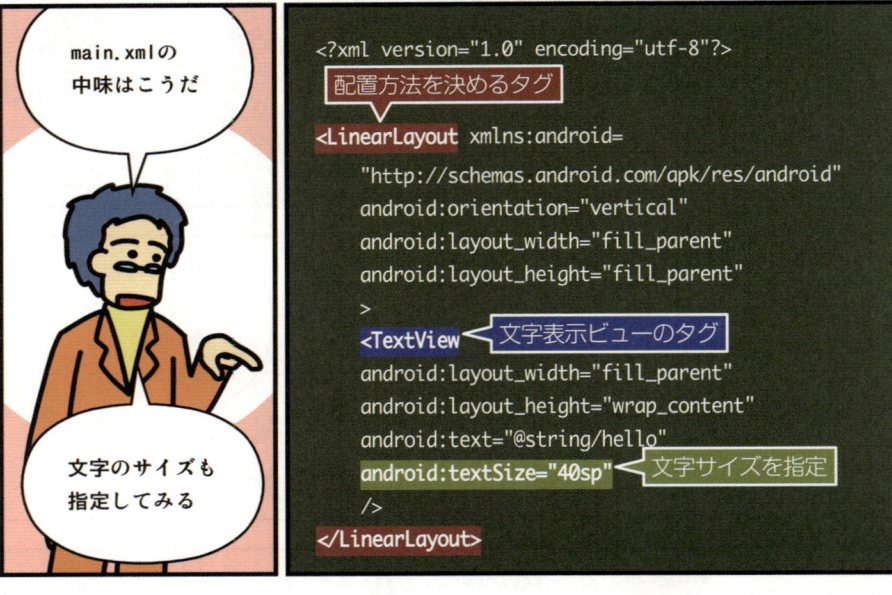

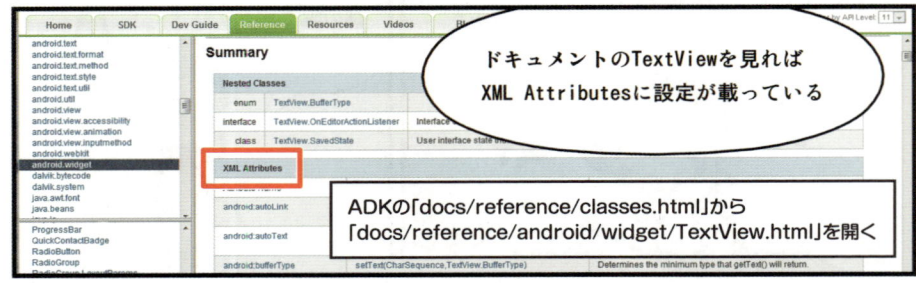

コマ1:
R.layout.mainは
リソースを表している

【リソース】
プログラムが
使用するデータ

コマ2:
res/layout/main.xml
の内容が表示されるの
ですか？

コマ3:
そうだ
Androidでは
設定やデータを
XMLで用意できる

コマ4:
main.xmlの
中味はこうだ

文字のサイズも
指定してみる

```xml
<?xml version="1.0" encoding="utf-8"?>
```
配置方法を決めるタグ
```xml
<LinearLayout xmlns:android=
    "http://schemas.android.com/apk/res/android"
    android:orientation="vertical"
    android:layout_width="fill_parent"
    android:layout_height="fill_parent"
    >
    <TextView
```
文字表示ビューのタグ
```xml
    android:layout_width="fill_parent"
    android:layout_height="wrap_content"
    android:text="@string/hello"
    android:textSize="40sp"
```
文字サイズを指定
```xml
    />
</LinearLayout>
```

コマ5:
ドキュメントのTextViewを見れば
XML Attributesに設定が載っている

ADKの「docs/reference/classes.html」から
「docs/reference/android/widget/TextView.html」を開く

第 4 話　印籠アプリ

LinearLayoutという配置方法の中にTextViewという文字表示の部品が配置されている

LinearLayout
TextView
@string/hello

@string/hello は何？

res/values/strings.xml 内のhelloの値を示す記号だ

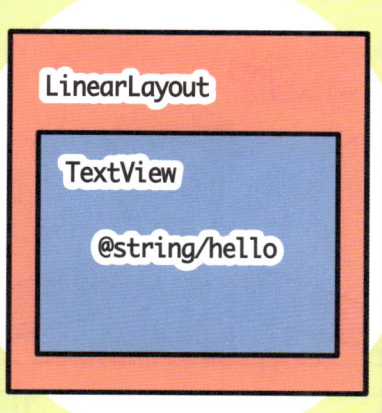

```xml
<?xml version="1.0" encoding="utf-8"?>
<resources>
    <string name="hello">Hello World, Inrou!</string>
    <string name="app_name">Inrou</string>
</resources>
```

ぴきーん
むっ！

はいはい
はーい！

helloの値を書き換えれば好きな文字を表示できる

正解だ

それじゃあ
みんな
文字を
書き換えて
印籠アプリを
作ってみろ
できたわ！
早いわね
ふふ…
ばーん
これが目に
入らぬか！
バーン
寝る子は育つ

第 4 話　印籠アプリ

えーっ

うーっ

はーっ

お前は
寝すぎだろう

図星すぎて
言い返せないわ

うっ

「Android」アプリケーションのライフサイクル

　「Android」のアプリケーションは、パソコンのアプリケーションとは挙動が違います。Windowsなどのパソコンでは、ウィンドウがそれぞれ独立して画面の各所に表示されます。

　対して「Android」のアプリケーションは、パソコンのウィンドウに相当するActivityが、レイヤー状に重なって表示され、最前面のActivityだけがユーザーの目に触れます。そして最前面でないActivityは、無駄なCPUを使用しないように休眠状態になることが求められます。また「Android」では、メモリーが不足した場合、積み重なったActivityのいくつかを、OSが強制終了させます。

　このように、「Android」のアプリケーションは、パソコンとは違ったライフサイクル（起動から終了までの流れ）を持っています。

　こういった仕組みになっているために、Activityは状態が変化するたびに、その状態に対応したメソッドが呼び出されます。各メソッドが呼び出されるタイミングは、マンガ中のライフサイクルの図を参考にしてください。

「strings.xml」を利用した文字列の管理

　「Android」ではレイアウトや文字列データなどを、プログラムから独立したXMLファイルに格納して管理できます。レイアウトは「res¥layout」フォルダに、文字列データは「res¥values¥strings.xml」ファイルに保存します。

　ここでは文字列データの使い方について説明します。文字列データは「strings.xml」の「resources」タグの内側に、「<string name="tag">text</string>」のように記述します。

●「res¥values¥strings.xml」より抜粋

```
<resources>
    <string name="hello">寝る子は育つ</string>
    <string name="app_name">Inrou</string>
</resources>
```

　このようにして書き込んだ文字列は、他のXMLやプログラムから利用できます。以下、他のXMLから利用する場合のサンプルです。「@string/hello」のように「@

string/」の後に「name」属性の値を書きます。

●「res¥layout¥main.xml」より抜粋

```xml
<TextView
    android:layout_width="fill_parent"
    android:layout_height="wrap_content"
    android:text="@string/hello"/>
```

　また、この文字列データはプログラムからも利用できます。プログラムから利用する際は、以下のように書きます。getResourcesは、Activity（Activityの継承元のクラスandroid.content.Context）のメソッドです。

●文字列データの読み込み例

```java
// 文字列をリソースIDで指定
btn.setText(R.string.hello);

// 文字列を直接読み出し
CharSequence cs = getResources().getText(R.string.hello);
String str = getResources().getString(R.string.hello);
```

≫ formatメソッドの利用

　「Android」で文字列を利用する際は、formatメソッドを利用すると便利です。formatメソッドは、文字列中に数値や別の文字を挿入する命令です。

●formatメソッドの例

```java
// 成績表示(例：Score 1234567)
String s1 = String.format("Score %d", score);

// 3桁ずつのカンマ区切りで表示(例：12,345 byte)
String s2 = String.format("%,3d byte", fileSize);

// 時間を2桁の0つきで表示(例：02:34)
String s3 = String.format("%02d:%02d", hour, min);
```

```
// バージョン名を表示(例：ver 1.0)
String s4 = String.format("ver %s", versionNameString);
```

format用の文字列を「strings.xml」に書き込む際は注意が必要です。そのまま書くとエラーが発生することがあります。その際は、「string」タグに「formatted="false"」という属性を付けるか、「%s and %s」といった文字列を「%1$s and %2$s」のように順番を指定するように変更します。

▼ **format用の文字列を「strings.xml」に書き込む例**

```
<string name="s1" formatted="false">My : %s. Your : %s.</string>
<string name="s2" >My name is %1$s. Your name is %2$s.</string>
<string name="s3" >My name is %2$s. Your name is %1$s.</string>
```

XMLに文字列を書く場合の注意

文字列データをXMLファイルに書き込む場合は注意が必要です。XML内では「<」「>」といったタグに使う文字列は使用できません。このような文字は「<」「>」などの代替表記を行う必要があります。

その他にもXMLでは使えない文字があります。これらの文字についてはXMLの解説本を参考にしてください。

また「'(シングルクオーテーション)」も、そのままではエラーが出ます。「¥'」のように、エスケープ文字を直前に付ける必要があります。

使用言語による「strings.xml」の切り替え

「strings.xml」を利用すれば、使用言語によって文字列データを差し替えることができます。

例えば「res¥values-ja¥strings.xml」に文字列データを作成すれば、日本語環境では「res¥values-ja¥strings.xml」が自動で参照されるようになります。この場合、日本語以外の環境では、デフォルトの参照先である「res¥values¥strings.xml」が参照されます。どちらの場合も、XMLファイルやプログラムでの参照の仕方(「@string/hello」「R.string.hello」)は同じです。

各言語への対応は「res¥values-<言語を表す文字列>」というフォルダを作成することで行えます。この言語を表す文字列はISO639-1に従った名前です。多言語対応の仕様については、以下のファイルやURLを参照してください。

URL 多言語対応の仕様

Alternate Resources (for alternate languages and configurations)

docs/guide/topics/resources/resources-i18n.html#AlternateResources

ISO 639-2 Language Code List

http://www.loc.gov/standards/iso639-2/php/code_list.php

アプリケーションの使い方

「Inrou」アプリの外観

アプリケーションを実行すると、画面に「寝る子は育つ」という文字列が表示されます。

プロジェクトの構成

使用するファイルは以下の通りです。

ファイルリスト

リソース

res¥layout¥main.xml

res¥values¥strings.xml

ソースコード

src¥com¥crocro¥android¥inrou¥Inrou.java

➡レイアウトのXMLファイル「main.xml」

🔽「res¥layout¥main.xml」

```xml
<?xml version="1.0" encoding="utf-8"?>
<LinearLayout xmlns:android="http://schemas.android.com/apk/res/android"
    android:orientation="vertical"
    android:layout_width="fill_parent"
    android:layout_height="fill_parent">
    <TextView
        android:layout_width="fill_parent"
        android:layout_height="wrap_content"
        android:text="@string/hello"
        android:textSize="40sp" />
</LinearLayout>
```

➡文字列データのXMLファイル「strings.xml」

🔽「res¥values¥strings.xml」

```xml
<?xml version="1.0" encoding="utf-8"?>
<resources>
    <string name="hello">寝る子は育つ</string>
    <string name="app_name">Inrou</string>
</resources>
```

「印籠アプリ」のプログラム本体「Inrou.java」

「src¥com¥crocro¥android¥inrou¥Inrou.java」

```java
package com.crocro.android.inrou;

import android.app.Activity;
import android.os.Bundle;

public class Inrou extends Activity {
    // Activity作成時に呼ばれるメソッド
    @Override
    public void onCreate(Bundle savedInstanceState) {
        super.onCreate(savedInstanceState);
        setContentView(R.layout.main);
    }
}
```

第 5 話
割引計算機

はーっ

どうしたの遊ちゃん

買い物に行ったんだけど割引後の価格が分からないのよ

ぼそ！

仕方ないわね あなた計算できないから

むキっ

第 5 話　割引計算機

というわけで
アプリの作り方を
教える
先生
作り方は
前回教わり
ました
それはアプリの
作成手順だろう
今回は
アプリを作る
考え方を
教える
それじゃあ
みんな
アプリを
作ってみろ
はん 簡単よ
プログラムを
書けばいいん
でしょ
じーーっ

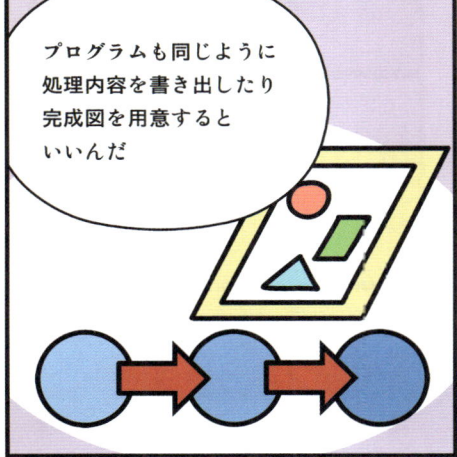

第 5 話　割引計算機

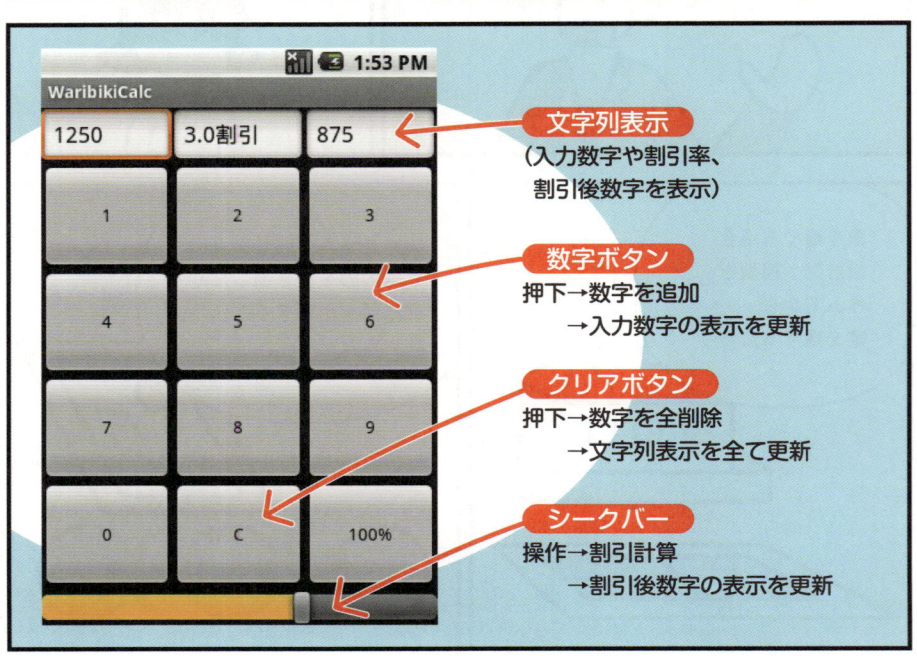

というわけで
完成予想図だ

なんか
出来そうな
気がしてきたわ

そうだろう

この図を分解して
どんなプログラムを
書く必要があるのか
確かめていくぞ

文字列表示
（入力数字や割引率、
割引後数字を表示）

数字ボタン
押下→数字を追加
　　→入力数字の表示を更新

クリアボタン
押下→数字を全削除
　　→文字列表示を全て更新

シークバー
操作→割引計算
　　→割引後数字の表示を更新

第5話　割引計算機

こうやって分解すれば

プログラムをどう書けばいいか見えてくるだろう

思ったよりも単純ですね

部品を操作したら数字を変更すればいいみたいね

そうだ

ちなみにAndroidではレイアウトはXMLでおこなえる

プログラムが不要なのでまずはこの部分を作ってしまうぞ

```xml
<?xml version="1.0" encoding="utf-8"?>
<LinearLayout (省略:設定)>
    <LinearLayout cndroid:id="@+id/linearLayout1" (省略:設定)>
        <EditText cndroid:text="" android:id="@+id/editText1" (省略:設定)/>
        (省略:EditText2のXML)
        (省略:EditText3のXML)
    </LinearLayout>
    <LinearLayout android:id="@+id/linearLayout1" (省略:設定)>
        <LinearLayout android:id="@+id/linearLayout1" (省略:設定)>
            <Button android:text="1" android:id="@+id/button1" (省略:設定)/>
            (省略:Eutton2のXML)
            (省略:Eutton3のXML)
        </LinearLayout>
        (省略:残りのLinearLayoutとButtonのXML)
    </LinearLayout>
    <SeekBar android:id="@+id/seekBar1" (省略:設定)/>
</LinearLayout>
```

> このXMLの詳しい解説は本文にあります

> 次にレイアウトをプログラムから利用する

> ボタンやシークバーを取り出してリスナーを設定する

```java
// ボタン(Clear)の取得と
// クリック・リスナーの登録
Button btnC = (Button)
    findViewById(R.id.button16);
btnC.setOnClickListener(
    new View.OnClickListener() {
        public void onClick(View v) {
            noInput = 0;
            pushNo(0, false);
        }
    }
);
```

第 5 話　割引計算機

リスナーって何？

いい質問だ

リスナーは ある条件が整うと 発動する仕掛けだ

ちゅ ちゅ

罠みたいなものね

ゴクリ

そうだ ClickListenerなら クリックすると 実行される 処理を書ける

Click

ボタンをクリックすると…

この部分が実行されるわけだ

```
new View.OnClickListener() {

    public void onClick(View v) {
        noInput = 0;
        pushNo(0, false);
    }

});
```

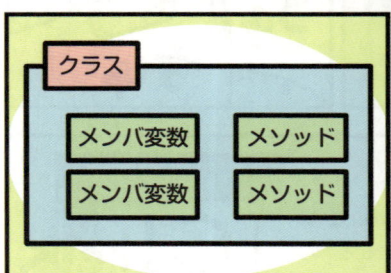

効率的な
プログラムに
するために

共通に使う
変数は
メンバ変数
にする

```
// 変数
private int mNoInput = 1000;  // 入力数値
private int mNoPer   = 100;   // 価格%
private int mNoCalc  = 0;     // 計算数値

// 定数(数字最大)
private final int NO_MAX = 99999999;

// 表示
private EditText mETInput;
private EditText mETPer;
private EditText mETCalc;
```

クラス

| メンバ変数 | メソッド |
| メンバ変数 | メソッド |

また
数字の更新は
共通のメソッド
から行う

```
// 数字の更新
private void pushNo(int no, boolean add) {
    // 数字を末尾に追加
    if (add) {
        int noNew = mNoInput * 10 + no;
        if (noNew <= NO_MAX) {
            mNoInput = noNew;   // 最大値以内
        }
    }

    // 数字を更新
    mNoCalc = (int)(mNoInput * mNoPer / 100);

    // 表示を更新
    mETInput.setText("" + mNoInput);
    mETPer.setText(((100 - mNoPer) / 10.0) + "割引");
    mETCalc.setText("" + mNoCalc);
}
```

第5話　割引計算機

ここでは各種数値やEditTextをメンバ変数にしている

こうすれば共通の変数を利用して処理をおこなえる

というわけで完成だ

やったこれで計算はバッチリよ！

種類	数値変数	EditText
入力数値	mNoInput	mETInput
価格%	mNoPer	mETPer
計算数値	mNoCalc	mETCalc

翌日

だめよ敗北よ

どうしたの遊ちゃん？

今日は割引ではなく値引きで表示されていたの

1980円の250円引きが計算できなかったの

はー

あんたは小学校からやり直した方がよさそうね

「Android」のレイアウトファイルについて

ここではXMLで指定しているレイアウトファイル「main.xml」について解説します。まずはレイアウト系のタグについて説明し、次にビュー全般について説明します(ビューは、入力欄やボタンといった「Android」の表示部品のことです)。

レイアウトの一例

```xml
<LinearLayout andrcid:orientation="vertical"
    android:layout_width="fill_parent"
    android:layout_height="fill_parent">
    <LinearLayout android:orientation="horizontal"
        android:layout_width="fill_parent"
        android:layout_height="wrap_content">
        <EditText android:text="" android:id="@+id/editText1"
            android:layout_width="0dip"
            android:layout_height="wrap_content"
            android:layout_weight="1" />
        <EditText android:text="" android:id="@+id/editText2"
            android:layout_width="0dip"
            android:layout_height="wrap_content"
            android:layout_weight="1" />
    </LinearLayout>
    <Button android:id="@+id/button1"
        android:layout_width="fill_parent"
        android:layout_height="wrap_content"/>
</LinearLayout>
```

まずはレイアウト系のタグについて説明します。「LinearLayout」は、ビューを直列に並べるためのレイアウトです。「LinearLayout」では、「android:orientation」属性の値が「vertical」の場合は縦方向に、「horizontal」の場合は横方向にビューを並べます。

このレイアウトに入れ子構造にできます。そして「EditText」や「Button」といったビューの配置方法を決定します。

レイアウトは「EditText」や「Button」などと同じようにビューの一種です。そのため、以下で紹介するレイアウト方法を指定する属性(android:layout_widthや

layout_height）も利用できます。

　次にビュー全般の説明です。
　「android:layout_width」や「android:layout_height」属性の値が「fill_parent」の場合は、親のサイズいっぱいまで自分のサイズを広げます。「wrap_content」の場合は、自分の本来のサイズで表示します。
　「fill_parent」や「wrap_content」は便利ですが、ビューを等幅に並べることはできません。等幅にしたい場合は、特殊な設定を行う必要があります。
　例えば、同じ階層のビューを横向きに等幅に並べたい場合は、「android:layout_weight」属性に1以上の数値を設定して、「android:layout_width」属性の値を「0dip」にします。こうすると「android:layout_weight」が同値のビューの横幅が均等になります。
　本アプリでは、電卓風のボタンのレイアウトにするためにボタンを等幅にしています。

　「android:id="@+id/editText1"」などの属性は、プログラムから利用するためのものです。「@+id/editText1」の場合は、プログラム中から「R.id.editText1」としてビューを参照できます。

▼IDを利用したビューの取り出し

```
EditText et = (EditText)findViewById(R.id.editText1);
```

　この「R.～」といったクラスは、「ADK」が自動で作成してくれます。作成されたクラスは「gen」フォルダ内に保存されます。開発者は、この「gen」フォルダ内のファイルを直接書き換えてはいけません。開発者は、こういった仕組みを気にすることなく、「R.～」といった値を利用して、リソース内のデータや値を利用することができます。
　この「R.～」は、フルパスで書くと「パッケージ名.R.～」になります（例：com.crocro.android.test.R.～）。別のパッケージ内から呼び出す際は、フルパスを利用するか、クラスの冒頭で「パッケージ名.R」をインポートしてください。

▶ アプリの使い方

▼「WaribikiCalc」アプリの外観

手順

1. 数字ボタンを押して値段を入力。
2. 画面下部の[シークバー]を移動すれば割引後の価格が表示される。
3. 値段をクリアしたい場合は[C]ボタンを押す。

▶ プロジェクトの構成

使用するファイルは以下の通りです。

ファイルリスト

リソース

res¥layout¥main.xml

ソースコード

src¥com¥crocro¥android¥waribikiCalc¥WaribikiCalc.java

レイアウトのXMLファイル「main.xml」

「res¥layout¥main.xml」

```xml
<?xml version="1.0" encoding="utf-8"?>
<LinearLayout xmlns:android="http://schemas.android.com/apk/res/android'
    android:orientation="vertical"
    android:layout_width="fill_parent"
    android:layout_height="fill_parent">
```

> LinearLayoutに挟まれたEditTextは画面上部の3つの入力欄になる
>
> | 1250 | 3.0割引 | 875 |

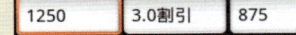

```xml
    <LinearLayout android:orientation="horizontal"
        android:layout_width="fill_parent"
        android:layout_height="wrap_content">
        <EditText android:text="" android:id="@+id/editText1"
            android:layout_width="0dip" android:layout_height="wrap_content"
            android:editable="false"
            android:layout_weight="1" />
        <EditText android:text="" android:id="@+id/editText2"
            android:layout_width="0dip" android:layout_height="wrap_content"
            android:editable="false"
            android:layout_weight="1" />
        <EditText android:text="" android:id="@+id/editText3"
            android:layout_width="0dip" android:layout_height="wrap_content"
            android:editable="false"
            android:layout_weight="1" />
    </LinearLayout>

    <LinearLayout android:orientation="vertical"
        android:layout_width="fill_parent"
        android:layout_height="wrap_content"
        android:layout_weight="1">
```

ここは1〜3のボタンですね

```xml
<LinearLayout android:orientation="horizontal"
    android:layout_width="fill_parent"
    android:layout_height="wrap_content"
    android:layout_weight="1">
    <Button android:text="1" android:id="@+id/button1"
        android:layout_width="0dip" android:layout_height="fill_parent"
        android:layout_weight="1" />
    <Button android:text="2" android:id="@+id/button2"
        android:layout_width="0dip" android:layout_height="fill_parent"
        android:layout_weight="1" />
    <Button android:text="3" android:id="@+id/button3"
        android:layout_width="0dip" android:layout_height="fill_parent"
        android:layout_weight="1" />
</LinearLayout>
```

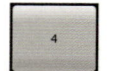

次が4〜6のボタン…

```xml
<LinearLayout android:orientation="horizontal"
    android:layout_width="fill_parent"
    android:layout_height="wrap_content"
    android:layout_weight="1">
    <Button android:text="4" android:id="@+id/button4"
        android:layout_width="0dip" android:layout_height="fill_parent"
        android:layout_weight="1" />
    <Button android:text="5" android:id="@+id/button5"
        android:layout_width="0dip" android:layout_height="fill_parent"
        android:layout_weight="1" />
    <Button android:text="6" android:id="@+id/button6"
        android:layout_width="0dip" android:layout_height="fill_parent"
        android:layout_weight="1" />
</LinearLayout>
```

> 後は7〜9
> そして0やCや100%ボタンが
> 続くのね

```xml
<LinearLayout android:orientation="horizontal"
    android:layout_width="fill_parent"
    android:layout_height="wrap_content"
    android:layout_weight="1">
    <Button android:text="7" android:id="@+id/button7"
        android:layout_width="0dip" android:layout_height="fill_parent"
        android:layout_weight="1" />
    <Button android:text="8" android:id="@+id/button8"
        android:layout_width="0dip" android:layout_height="fill_parent"
        android:layout_weight="1" />
    <Button android:text="9" android:id="@+id/button9"
        android:layout_width="0dip" android:layout_height="fill_parent"
        android:layout_weight="1" />
</LinearLayout>

<LinearLayout android:orientation="horizontal"
    android:layout_width="fill_parent"
    android:layout_height="wrap_content"
    android:layout_weight="1">
    <Button android:text="0" android:id="@+id/button0"
        android:layout_width="0dip" android:layout_height="fill_parent"
        android:layout_weight="1" />
    <Button android:text="C" android:id="@+id/button16"
        android:layout_width="0dip" android:layout_height="fill_parent"
        android:layout_weight="1" />
    <Button android:text="100%" android:id="@+id/button17"
        android:layout_width="0dip" android:layout_height="fill_parent"
        android:layout_weight="1" />
</LinearLayout>
</LinearLayout>
```

> そうだ
> そして末尾にシークバーを
> 置いている

```
    <SeekBar android:id="@+id/seekBar1"
        android:layout_width="fill_parent"
        android:layout_height="wrap_content"
        android:max="21" android:progress="20" />
</LinearLayout>
```

▶「割引計算機」のプログラム本体「WaribikiCalc.java」

● 「src¥com¥crocro¥android¥waribikiCalc¥WaribikiCalc.java」

```java
package com.crocro.android.waribikiCalc;

import android.app.Activity;
import android.os.Bundle;
import android.view.View;
import android.widget.Button;
import android.widget.EditText;
import android.widget.SeekBar;
import android.widget.Toast;

public class WaribikiCalc extends Activity {
```

> Activityを継承した
> WaribikiCalcというクラスを
> 作るのね

> そうだ
> ActivityはAndroidアプリの
> 基本となるクラスだ

```java
    // 変数
```

```java
    private int mNoInput = 1000;    // 入力数値
    private int mNoPer   = 100;     // 価格％
    private int mNoCalc  = 0;       // 計算数値

    // 定数
    private final int NO_TYP_MAX = 10;       // 数字種類最大
    private final int NO_MAX = 99999999;     // 数字最大

    // 表示
    private EditText mETInput;
    private EditText mETPer;
    private EditText mETCalc;

    // Activity作成時に呼ばれるメソッド
    @Override
    public void onCreate(Bundle savedInstanceState) {
        super.onCreate(savedInstanceState);

        setContentView(R.layout.main);

        // 表示欄の取得
        mETInput = (EditText)findViewById(R.id.editText1);
        mETPer   = (EditText)findViewById(R.id.editText2);
        mETCalc  = (EditText)findViewById(R.id.editText3);
```

> ここではActivityの
> findViewByIdを利用して
> R.layout.mainから
> ビュー(EditText)を
> 取り出している

```java
        // ボタン(数字)の取得
        Button[] btns = new Button[NO_TYP_MAX];

        btns[0] = (Button)findViewById(R.id.button0);
        btns[1] = (Button)findViewById(R.id.button1);
        btns[2] = (Button)findViewById(R.id.button2);
        btns[3] = (Button)findViewById(R.id.button3);
```

```java
btns[4] = (Button)findViewById(R.id.button4);
btns[5] = (Button)findViewById(R.id.button5);
btns[6] = (Button)findViewById(R.id.button6);
btns[7] = (Button)findViewById(R.id.button7);
btns[8] = (Button)findViewById(R.id.button8);
btns[9] = (Button)findViewById(R.id.button9);
```

> ここでは同じようにして数字ボタンを取り出しているんですね

```java
// クリック・リスナーの登録(数字)
View.OnClickListener cl = new View.OnClickListener() {
    public void onClick(View v) {
        pushNo(Integer.parseInt(
            ((Button)v).getText().toString()
        ), true);
    }
};
for (int i = 0; i < NO_TYP_MAX; i ++) {
    btns[i].setOnClickListener(cl);
}
```

> クリックリスナーを作成してそれぞれのボタンにリスナーを登録している

> 数字の変更処理はpushNoメソッドを利用しているんですね

```java
// ボタン(Clear)の取得とクリック・リスナーの登録
Button btnC = (Button)findViewById(R.id.button16);
btnC.setOnClickListener(new View.OnClickListener() {
    public void onClick(View v) {
        mNoInput = 0;
        pushNo(0, false);
```

```
        }
    });

    // ボタン(100%)の取得とクリック・リスナーの登録
    Button btn100Per = (Button)findViewById(R.id.button17);
    btn100Per.setOnClickListener(new View.OnClickListener() {
        public void onClick(View v) {
            mNoPer = 100;
            pushNo(0, false);
        }
    });
```

```
    // シークバー
    SeekBar seekBar = (SeekBar)findViewById(R.id.seekBar1);
    seekBar.setOnSeekBarChangeListener(
        new SeekBar.OnSeekBarChangeListener() {
            @Override public void onProgressChanged(SeekBar arg0,
            int arg1, boolean arg2) {
                mNoPer = arg1 * 5;
                pushNo(0, false);
            }
            @Override public void onStartTrackingTouch(SeekBar arg0) {}
            @Override public void onStopTrackingTouch(SeekBar arg0) {
                // トースト表示
                Toast.makeText(
                    WaribikiCalc.this, mNoPer + "%", Toast.LENGTH_SHORT
                ).show();
            }
        }
    );
```

> シークバーの
> リスナーを登録して
> 変更時の処理を実装している

```
    // 最初の更新
    pushNo(0, false);
}
```

// 数字の更新
```
private void pushNo(int no, boolean add) {
```

// 数字を末尾に追加
```
    if (add) {
        int noNew = mNoInput * 10 + no;
        if (noNew <= NO_MAX) mNoInput = noNew;    // 最大値以内
    }
```

> addがtrueなら
> 数字を末尾に追加するわけね

// 数字を更新
```
    mNoCalc = (int)(mNoInput * mNoPer / 100);
```

// 表示を更新
```
    mETInput.setText("" + mNoInput);
    mETPer.setText(((100 - mNoPer) / 10.0) + "割引");
    mETCalc.setText("" + mNoCalc);
```

> EditTextの表示を
> 更新するには
> setTextメソッドで
> 文字列を登録すればいい

```
    }
}
```

第5話　割引計算機

第 6 話
忘れ物メモ帳

ずーん

どうしたの遊ちゃん？

忘れ物をしないようにメモを取ったら

そのメモを忘れたの

救いようのない間抜けね

はーっ

第6話　忘れ物メモ帳

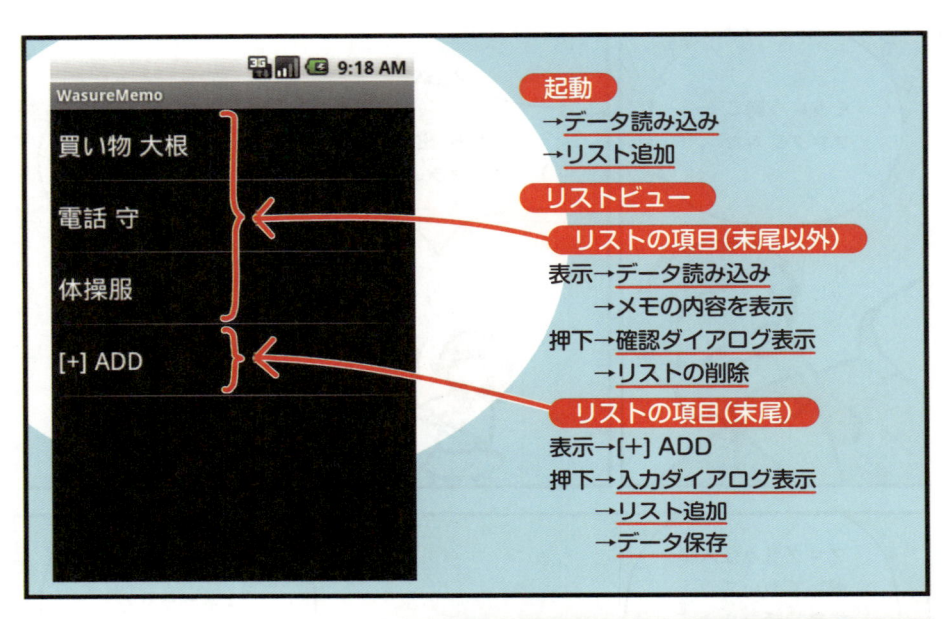

起動
→データ読み込み
→リスト追加

リストビュー

リストの項目（末尾以外）
表示→データ読み込み
　　→メモの内容を表示
押下→確認ダイアログ表示
　　→リストの削除

リストの項目（末尾）
表示→[+] ADD
押下→入力ダイアログ表示
　　→リスト追加
　　→データ保存

だいぶ面倒そうね

そうだな
処理を内容別に整理してみよう

リスト	項目を追加/削除
ダイアログ	削除確認/入力を表示
データ	保存/読み込む

だいぶ分かりやすくなったわ

こんな風に処理を整理するとプログラムは書きやすくなる

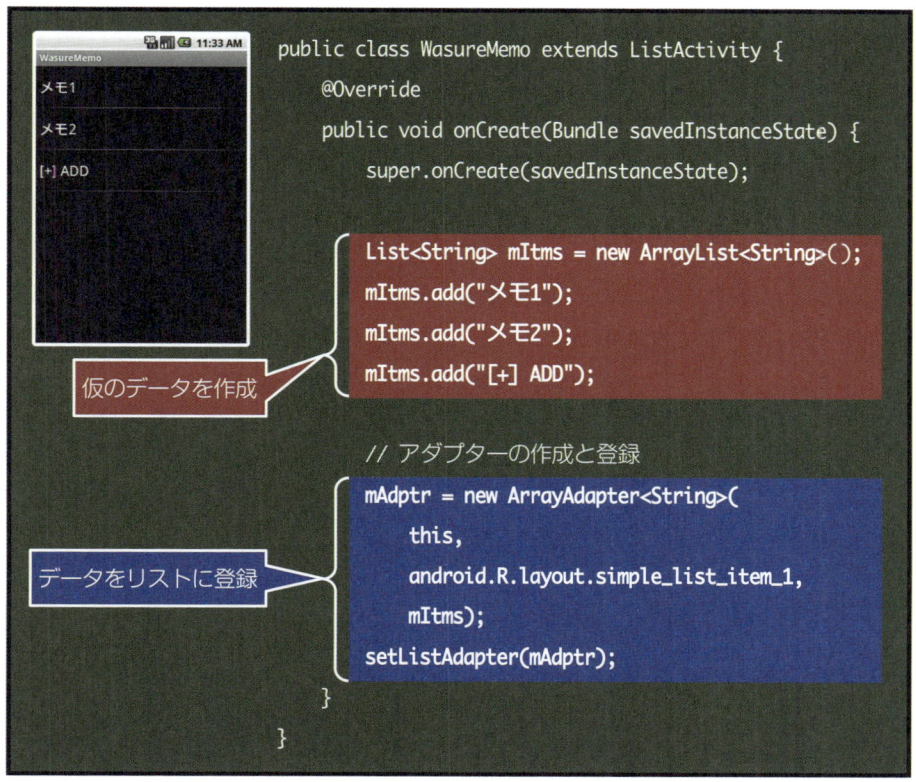

第6話　忘れ物メモ帳

> それじゃあ いよいよ アプリの作成 ですね

> ああ まずは 仮のデータを作って リストを表示する

> プログラムは 見えるところ から作ると 分かりやすい

```java
public class WasureMemo extends ListActivity {
    @Override
    public void onCreate(Bundle savedInstanceState) {
        super.onCreate(savedInstanceState);

        List<String> mItms = new ArrayList<String>();
        mItms.add("メモ1");
        mItms.add("メモ2");
        mItms.add("[+] ADD");

        // アダプターの作成と登録
        mAdptr = new ArrayAdapter<String>(
            this,
            android.R.layout.simple_list_item_1,
            mItms);
        setListAdapter(mAdptr);
    }
}
```

仮のデータを作成

データをリストに登録

次にデータを追加するダイアログを実装する

削除のダイアログは似ているので直接ソースを見てくれ

項目を追加する入力ダイアログ

AlertDialog.Builderを使ってダイアログを作成する

```java
private EditText mEditText;

private void dlgAdd() {
    // 入力欄の初期化
    mEditText = new EditText(this);

    // ダイアログの作成
    AlertDialog.Builder ad =
        new AlertDialog.Builder(this);
    ad
    .setTitle("項目の追加")
    .setView(mEditText)
    .setPositiveButton("追加", clAdd)
    .setNegativeButton("取消", null)
    .show();
}
```

ダイアログのリスナー

追加ボタン押下時の処理を別途作成する

```java
private DialogInterface.OnClickListener clAdd =
    new DialogInterface.OnClickListener() {
        @Override
        public void onClick(DialogInterface d, int i) {
            // 項目の追加
            String s = mEditText.getText().toString();
            if (s.length() == 0) return;       // 空文字回避
            mItms.add(mItms.size() - 1, s);    // 項目追加
            mAdptr.notifyDataSetChanged();     // 更新通知
            svDt();                            // データ保存
        }
    };
```

第6話 忘れ物メモ帳

> 最後はデータの読み書きだ

> これはプリファレンスという仕組みを使うと簡単だ

プリファレンス

定数

```java
// データ入出力時の名前とキーを用意
private final String SP_NM  = getClass().getSimpleName();
private final String SP_KEY = "memo";
```

データ保存

```java
private void svDt() {
    // 保存用文字列の作成
    StringBuilder sb = new StringBuilder();
    (省略:保存用データ作成)

    // プリファレンスの初期化
    SharedPreferences sp =
        getSharedPreferences(
            SP_NM, MODE_PRIVATE);

    // エディタを利用してデータを書き込み
    SharedPreferences.Editor edtr = sp.edit();
    edtr.putString(SP_KEY, sb.toString());
    edtr.commit();          // 反映
}
```

データ読み込み

```java
private void ldDt() {
    (省略:リストの初期化)

    // プリファレンスの初期化
    SharedPreferences sp =
        getSharedPreferences(
            SP_NM, MODE_PRIVATE);

    // 値の読み込み
    String s = sp.getString(SP_KEY, "");
    if (s.length() > 0) {
        String[] sArr = s.split("¥t");
    (省略:リストにデータを追加)
    }
}
```

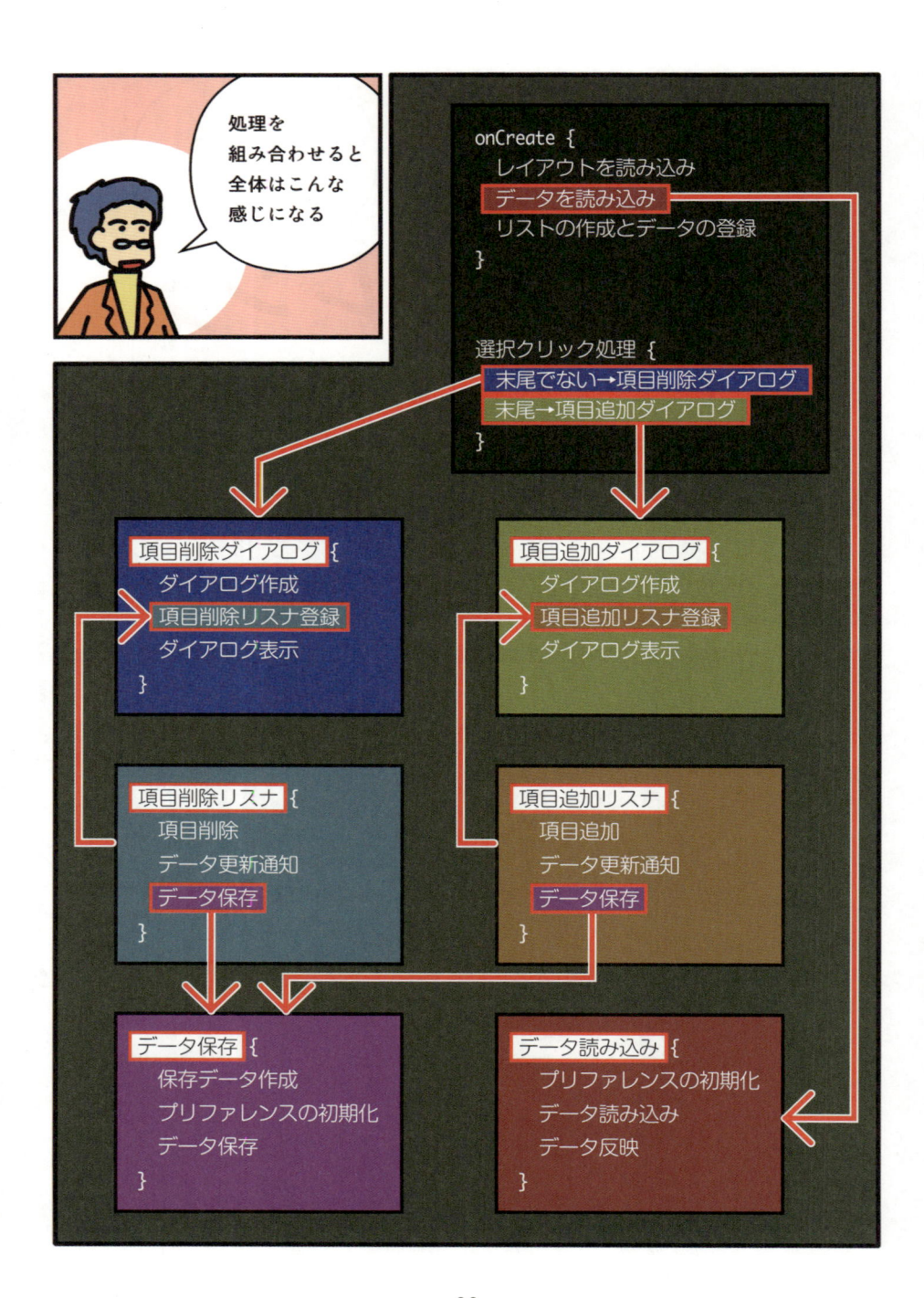

処理を組み合わせると全体はこんな感じになる

```
onCreate {
    レイアウトを読み込み
    データを読み込み
    リストの作成とデータの登録
}

選択クリック処理 {
    末尾でない→項目削除ダイアログ
    末尾→項目追加ダイアログ
}
```

項目削除ダイアログ {
　ダイアログ作成
　項目削除リスナ登録
　ダイアログ表示
}

項目追加ダイアログ {
　ダイアログ作成
　項目追加リスナ登録
　ダイアログ表示
}

項目削除リスナ {
　項目削除
　データ更新通知
　データ保存
}

項目追加リスナ {
　項目追加
　データ更新通知
　データ保存
}

データ保存 {
　保存データ作成
　プリファレンスの初期化
　データ保存
}

データ読み込み {
　プリファレンスの初期化
　データ読み込み
　データ反映
}

第 6 話　忘れ物メモ帳

➡️データの読み書き

　本アプリでは、データの読み書きはSharedPreferencesを利用しています。「Android」には、その他の方法でもファイルの入出力を行えます。

　ただし、いくつかの制限があります。デバイス内のアプリ自身のファイル保存領域か、SDカードなどの外部ストレージにしか、ファイルの読み書きは行えません。ファイル操作自体は、通常のJavaと同様に、「File」クラスでパスを指定して「InputStream」「OutputStream」を利用します。

◆デバイス内のファイル保存領域へのアクセス

　ActivityクラスのopenFileInput、openFileOutputメソッドを利用して、ファイル保存領域へアクセスできます。

▼openFileInput、openFileOutputの利用

```
// 第1引数はファイル名
FileInputStream is = openFileInput("data");

// 第1引数はファイル名、第2引数は作成モード
FileOutputStream os = openFileOutput("data", Context.MODE_PRIVATE);
```

　このメソッドにはファイル名しか指定できません。ファイルセパレータは使用できません。ディレクトリの階層を利用したい場合は、以下の方法で直接ファイルのパスを指定してください。

▼直接パスを指定してFileオブジェクトを作成

```
File f = new File("/data/data/" + getPackageName() + "/files/");
```

◆外部ストレージへのアクセス

　SDカードなどの外部ストレージを利用する場合は、外部ストレージが有効かどうかを確かめたあとにパスを取得します。外部ストレージは、デバイスによってパスが異なります。そのため、文字列でパスを指定するのではなく、メソッドでパスを取得する必要があります。

🔽外部ストレージへのアクセス

```
File f = null;
if (Environment.getExternalStorageState().contains("mounted")) {
    // 外部ストレージが有効
    f = Environment.getExternalStorageDirectory();
}
```

　外部ストレージからのファイルの読み込みは、上記のパスを利用して行えます。しかし、外部ストレージにファイルを書き込む場合には「AndroidManifest.xml」に設定を追加する必要があります。この方法は8章で解説します。

⇒アプリの使い方

🔽「WasureMemo」アプリの外観

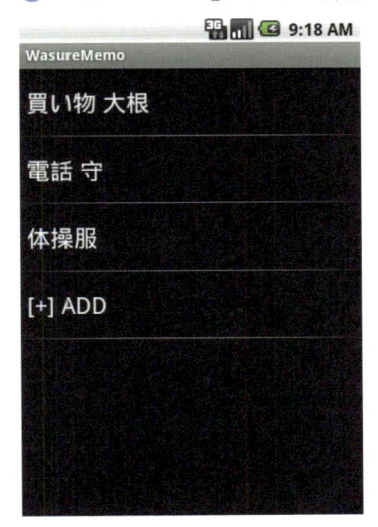

手順A 項目の追加

❶ リストの[[+] ADD]を押す。
❷ 「項目の追加」ダイアログが表示されるので、新しいメモを記入。
❸ [追加]ボタンを押す。

手順B 項目の削除

❶ リストの中から、削除したい項目を押す。
❷ 「項目の削除」ダイアログが表示されるので、[削除]ボタンを押す。

プロジェクトの構成

使用するファイルは以下の通りです。

ファイルリスト

リソース

res¥layout¥main.xml

ソースコード

src¥com¥crocro¥android¥wasureMemo¥WasureMemo.java

レイアウトのXMLファイル「main.xml」

「res¥layout¥main.xml」

```xml
<?xml version="1.0" encoding="utf-8"?>
<LinearLayout xmlns:android="http://schemas.android.com/apk/res/android"
    android:orientation="vertical"
    android:layout_width="fill_parent"
    android:layout_height="fill_parent">
    <ListView
        android:id="@+id/lst"
        android:layout_width="fill_parent"
        android:layout_height="wrap_content"/>
</LinearLayout>
```

「忘れ物メモ」のプログラム本体「WasureMemo.java」

「src¥com¥crocro¥android¥wasureMemo¥WasureMemo.java」

```java
package com.crocro.android.wasureMemo;

import java.util.ArrayList;
import java.util.List;
```

```java
import android.app.AlertDialog;
import android.app.ListActivity;
import android.content.DialogInterface;
import android.content.SharedPreferences;
import android.os.Bundle;
import android.view.View;
import android.widget.ArrayAdapter;
import android.widget.EditText;
import android.widget.ListView;

public class WasureMemo extends ListActivity {
```

> ListActivityって何?

> Activityを継承したクラスだ
> リスト表示に特化している

```java
    // 変数の初期化
    private List<String> mItms = new ArrayList<String>();
    ArrayAdapter<String> mAdptr;
    private EditText mEditText;
    private int mPos = 0;

    // 定数
    private final String SP_NM  = getClass().getSimpleName();
    private final String SP_KEY = "memo";

    // Activity作成時に呼ばれるメソッド
    @Override
    public void onCreate(Bundle savedInstanceState) {
        super.onCreate(savedInstanceState);

        // 項目の初期化
        ldDt();        // データ読み込み
```

```
// アダプターの作成と登録
mAdptr = new ArrayAdapter<String>(
    this,
    android.R.layout.simple_list_item_1,
    mItms);
setListAdapter(mAdptr);
```

> ArrayAdapterは
> リスト表示に配列を接続する
> ためのクラスだ

> ArrayListであるmItmsを
> ArrayAdapterであるmAdptrに
> 登録して……

> そのmAdptrを
> setListAdapterメソッドで
> ListActivityに登録している
> のですね

> そうだ またmAdptrには
> androidの標準レイアウト
> simple_list_item_1を
> 指定している

```
}

// 選択クリック処理
@Override
protected void onListItemClick(ListView listView, View v, int position,
long id) {
    if (position != mItms.size() - 1) {
        mPos = position;
        dlgDel();     // 項目削除ダイアログ
    } else {
```

```
        dlgAdd();     // 項目追加ダイアログ
    }
}
```

// 項目追加ダイアログ

```java
private void dlgAdd() {
    // 入力欄の初期化
    mEditText = new EditText(this);
```

   // ダイアログの作成
```java
   AlertDialog.Builder ad = new AlertDialog.Builder(this);
   ad
   .setTitle("項目の追加")
   .setView(mEditText)
   .setPositiveButton("追加", clAdd)
   .setNegativeButton("取消", null)
   .show();
```

> ダイアログは
> AlertDialog.Builderを使えば
> 簡単に作成できる
> 作成したダイアログは
> showメソッドで表示する

> ボタンの処理を行うリスナーは
> set〜Buttonメソッドの引数で
> 指定するのですね

```
}
```

// 項目削除ダイアログ

```java
private void dlgDel() {
    // ダイアログの作成
    AlertDialog.Builder ad = new AlertDialog.Builder(this);
    ad
    .setTitle("項目の削除")
    .setMessage(mItms.get(mPos))
```

```
        .setPositiveButton("削除", clDel)
        .setNegativeButton("取消", null)
        .show();
}
```

// 項目追加用リスナー

```
private DialogInterface.OnClickListener clAdd =
    new DialogInterface.OnClickListener() {
        @Override
        public void onClick(DialogInterface dialog, int which) {
            // 項目の追加
            String addStr = mEditText.getText().toString();
            mItms.add(mItms.size() - 1, addStr);    // 項目追加
            mAdptr.notifyDataSetChanged();          // データ更新通知
            svDt();        // データ保存
        }
    };
```

> これが項目を追加する
> リスナーですね

> そうだ
> addで項目の追加を行ったあと
> notifyDataSetChangedで
> 表示を反映させる

> リストを変更したあとは
> svDtメソッドで
> データの保存をしていますね

// 項目削除用リスナー

```
private DialogInterface.OnClickListener clDel =
    new DialogInterface.OnClickListener() {
        @Override
        public void onClick(DialogInterface dialog, int which) {
            // 項目の削除
```

```
            mItms.remove(mPos);                    // 削除
            mAdptr.notifyDataSetChanged();         // データ更新通知
            svDt();            // データ保存
        }
    };
```

// データ保存
```
private void svDt() {
    // 保存用文字列の作成
    StringBuilder sb = new StringBuilder();
    Object[] arr = mItms.toArray();
    for (int i = 0; i < arr.length - 1; i ++) {
        if (sb.length() != 0) sb.append("¥t");
        sb.append(arr[i]);
    }
```

// プリファレンスの初期化
```
    SharedPreferences sp = getSharedPreferences(SP_NM, MODE_PRIVATE);
```

> データの読み書きは SharedPreferencesを使えば簡単に行える

// エディタを利用してデータを書き込み
```
    SharedPreferences.Editor edtr = sp.edit();
    edtr.putString(SP_KEY, sb.toString());
    edtr.commit();    // 反映
```

> データの書き込みは editメソッドで Editorを取得して行う 実際の保存はcommitメソッドを呼んだタイミングで行われる

```
}
```

// データ読み込み
```
private void ldDt() {
```

```
        // リストの初期化
        mItms.clear();

        // プリファレンスの初期化
        SharedPreferences sp = getSharedPreferences(SP_NM, MODE_PRIVATE);

        // 値の読み込み
        String s = sp.getString(SP_KEY, "");
        if (s.length() > 0) {
            // 項目が存在するのでリストに追加
            String[] sArr = s.split("\t");
            for (int i = 0; i < sArr.length; i ++) {
                mItms.add(sArr[i]);
            }
        }

        // 追加を末尾に
        mItms.add("[+] ADD");
    }
}
```

第6話　忘れ物メモ帳

第7話
デバッグ

どうしたの遊ちゃん険しい顔をして

プログラムを書いてもきちんと動かないのよ

このAndroidは不良品よ

ちょっと待てデバッグはしているのか？

デバッグ？しているわけないじゃない

やり方なんか習ってないわよ

・・・

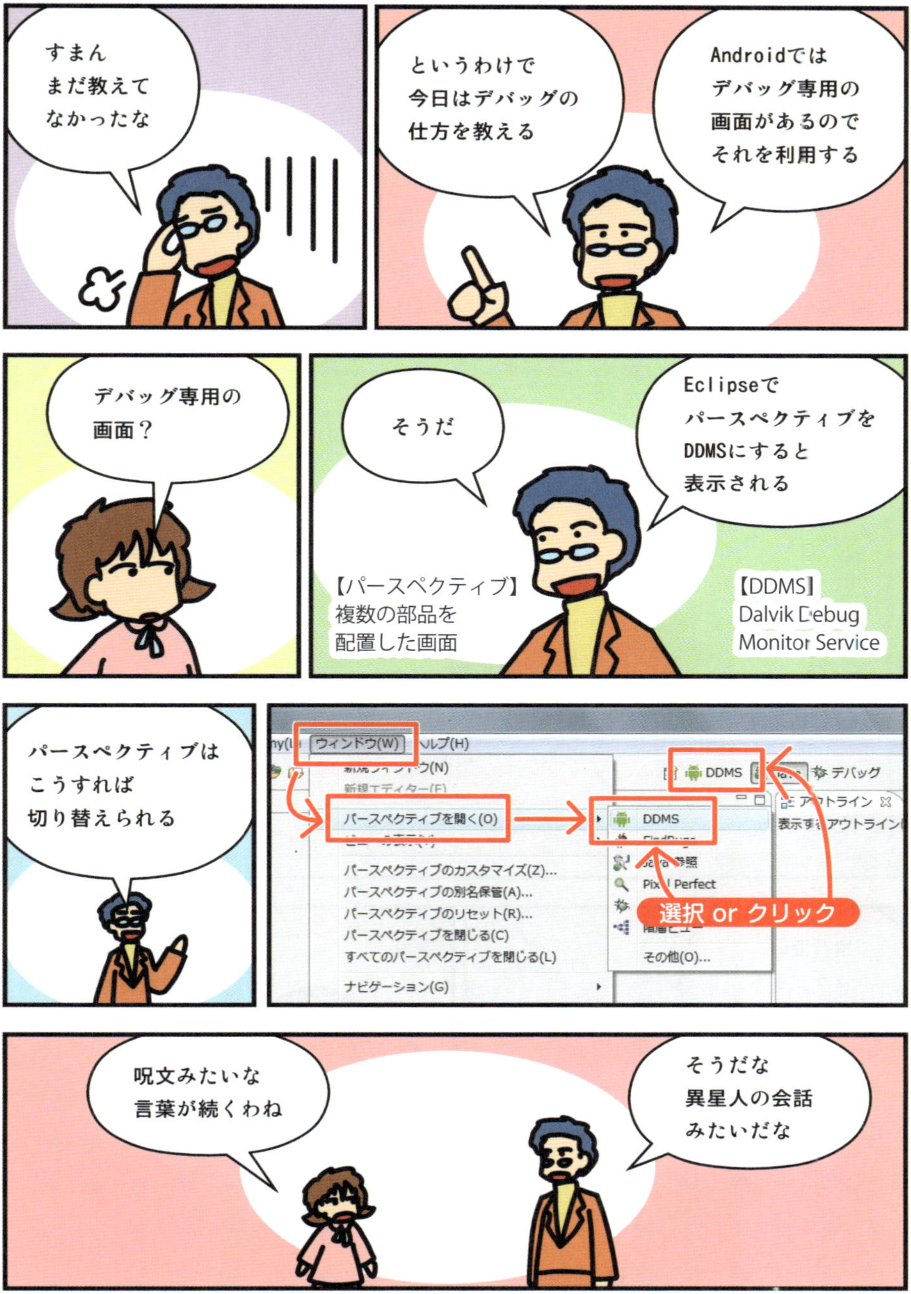
すまん まだ教えて なかったな
というわけで 今日はデバッグの 仕方を教える
Androidでは デバッグ専用の 画面があるので それを利用する
デバッグ専用の 画面？
そうだ
Eclipseで パースペクティブを DDMSにすると 表示される
【パースペクティブ】 複数の部品を 配置した画面
【DDMS】 Dalvik Debug Monitor Service
パースペクティブは こうすれば 切り替えられる
ウィンドウ(W)
ヘルプ(H)
パースペクティブを開く(O)
DDMS
パースペクティブのカスタマイズ(Z)...
パースペクティブの別名保管(A)...
パースペクティブのリセット(R)...
パースペクティブを閉じる(C)
すべてのパースペクティブを閉じる(L)
ナビゲーション(G)
Pixel Perfect
その他(O)...
デバッグ
選択 or クリック
呪文みたいな 言葉が続くわね
そうだな 異星人の会話 みたいだな

さあ これが
DDMSだ

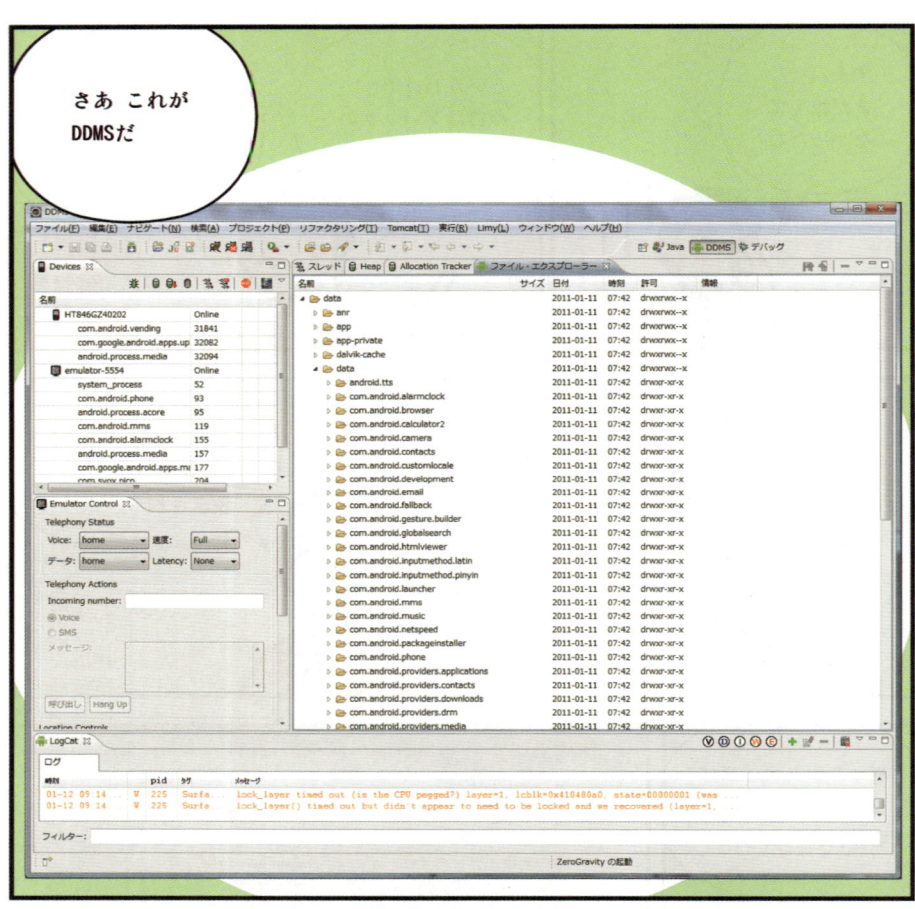

飛行機の
コクピット
みたいね

そうだな
必要な情報が
詰め込んである

第7話　デバッグ

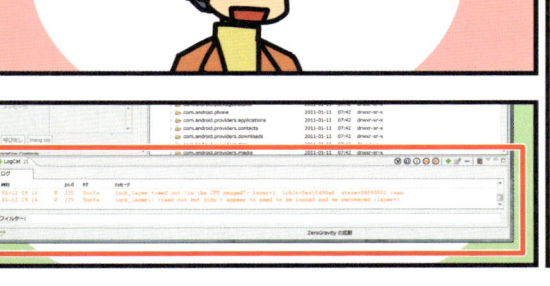

この中でも特に注目して欲しいのがLogCatだ

Androidではデバッグ情報はここに出力される

デバッグ情報？

たとえば処理の経過を表示したい場合は

Logクラスを使って値をLogCatに出力する

クラスの冒頭部分

```
import android.util.Log;
```

処理の進行を出力

```
for (int i = 0; i < 10; i ++) {
    Log.w("MyTag", "No " + i);
}
```

こんな感じで出力される

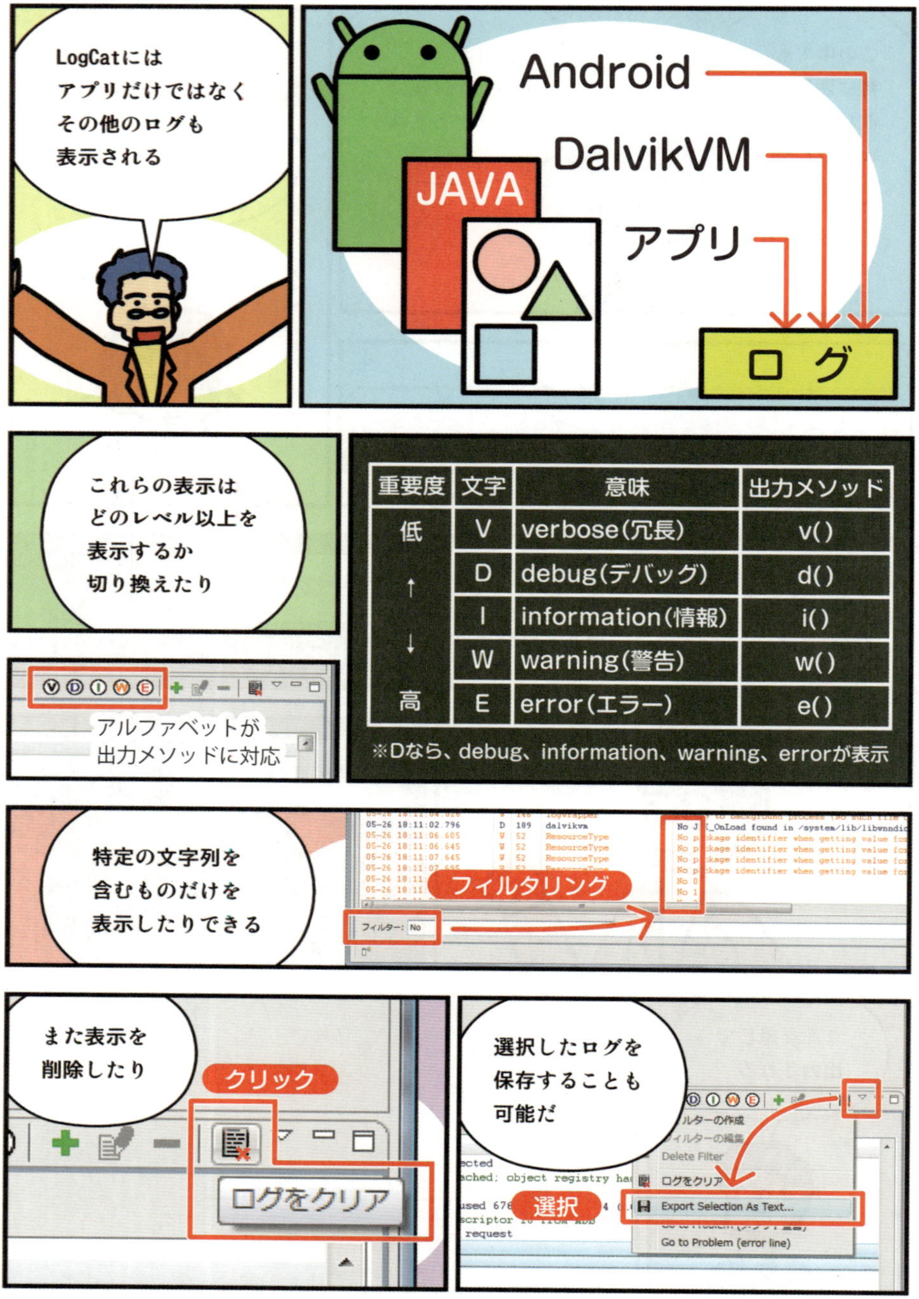

LogCatには
アプリだけではなく
その他のログも
表示される
Android
DalvikVM
JAVA
アプリ
ログ
これらの表示は
どのレベル以上を
表示するか
切り換えたり
アルファベットが
出力メソッドに対応
重要度 文字 意味 出力メソッド
低 V verbose(冗長) v()
↑ D debug(デバッグ) d()
I information(情報) i()
↓ W warning(警告) w()
高 E error(エラー) e()
※Dなら、debug、information、warning、errorが表示
特定の文字列を
含むものだけを
表示したりできる
フィルタリング
フィルター: No
また表示を
削除したり
クリック
ログをクリア
選択したログを
保存することも
可能だ
ログをクリア
Export Selection As Text...
選択
Go to Problem (error line)

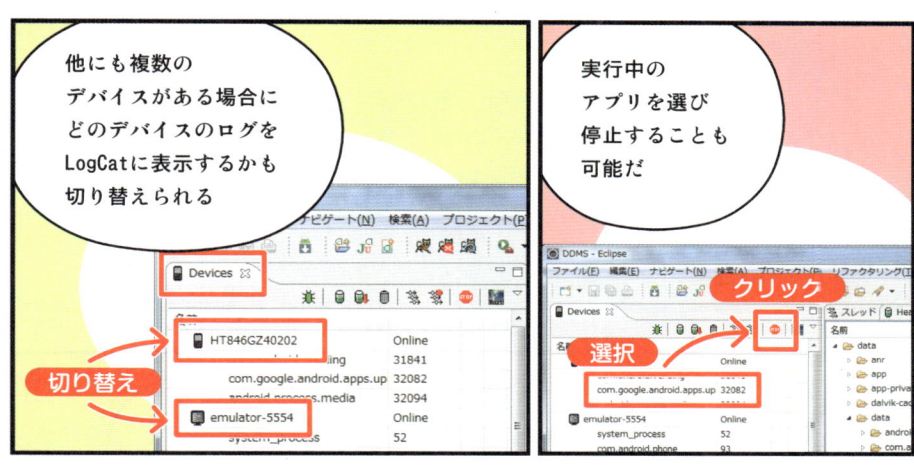

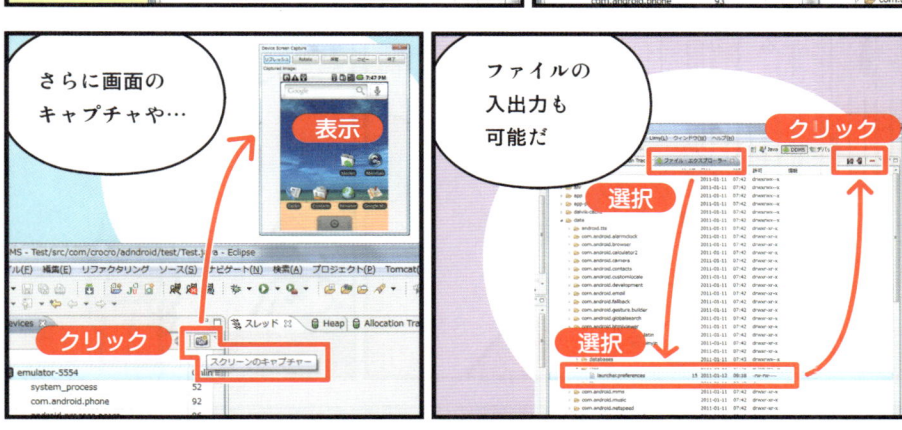

第7話　デバッグ

他にも複数の
デバイスがある場合に
どのデバイスのログを
LogCatに表示するかも
切り替えられる

切り替え

実行中の
アプリを選び
停止することも
可能だ

選択　クリック

さらに画面の
キャプチャや…

表示

クリック

ファイルの
入出力も
可能だ

選択　クリック

選択

というわけで
これらの
機能を使い

プログラムを
改良してくれ

分かったわ

それにしても
いろんな機能が
あるのね

第8話
1コママンガ

で
勉強もせずに遊んでいたわけだな
当たり前じゃない
何事にも全力で対処するそれが私という人間よ
言っていることだけは立派だな
それがねえ投稿してもいまいち反応が鈍いのよ
そこでね私のセンスをアピールするには台詞が必要だと思ったの
というわけで先生画像をマンガにするアプリを作って
自分で作れ

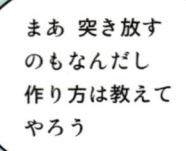

まあ 突き放すのもなんだし作り方は教えてやろう

まずはいつもの通り完成図を先に作り内容を書き出すぞ

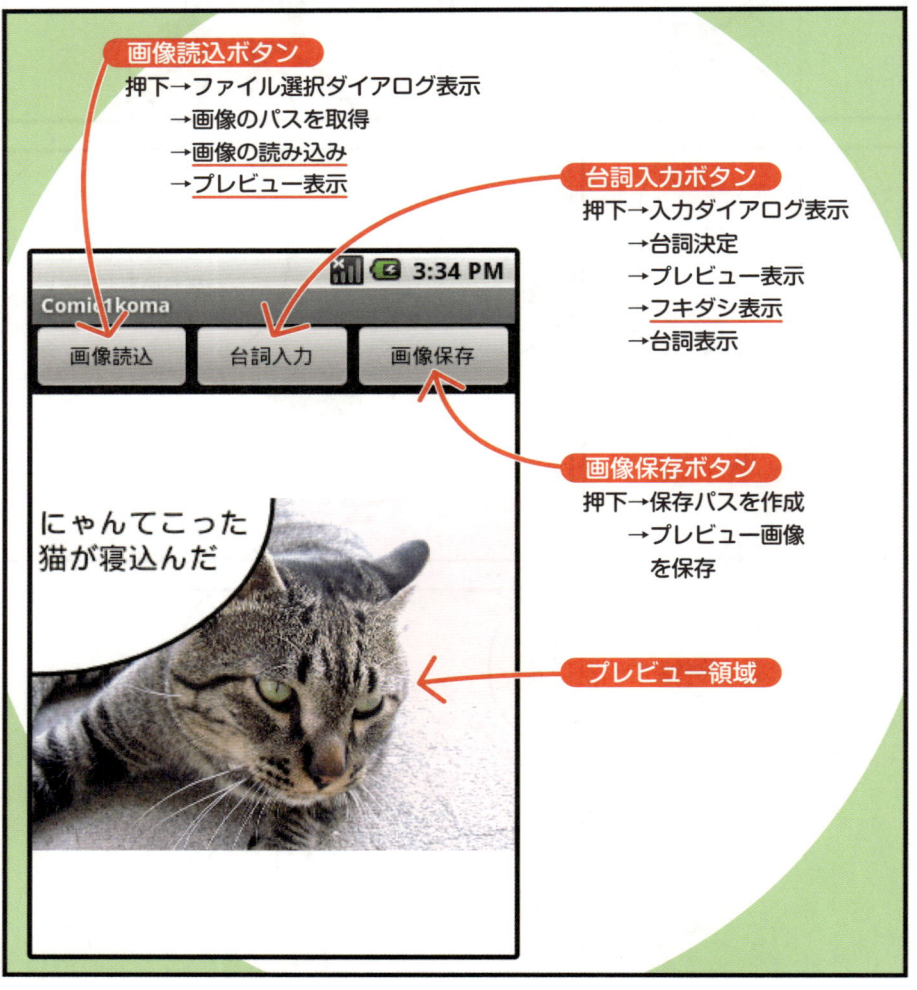

画像読込ボタン
押下→ファイル選択ダイアログ表示
　　→画像のパスを取得
　　→画像の読み込み
　　→プレビュー表示

台詞入力ボタン
押下→入力ダイアログ表示
　　→台詞決定
　　→プレビュー表示
　　→フキダシ表示
　　→台詞表示

画像保存ボタン
押下→保存パスを作成
　　→プレビュー画像
　　　を保存

プレビュー領域

Comic1koma
画像読込　台詞入力　画像保存
3:34 PM

にゃんてこった
猫が寝込んだ

第8話　1コママンガ

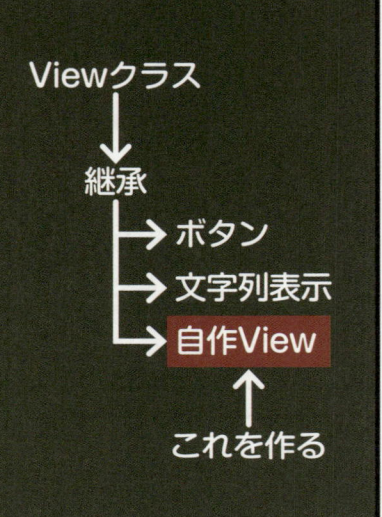

まずは
オリジナルの
Viewを作る

この自作Viewは
ボタンや入力欄の
仲間になる

Viewクラス
↓
継承
┣→ ボタン
┣→ 文字列表示
┗→ 自作View
     ↑
     これを作る

この自作Viewは
レイアウトの
XMLでも
利用できる

```
<com.crocro.android.comic1koma.Preview
    android:id="@+id/pv"/>
```

このViewの
onDrawに
描画処理を
書くんだ

```java
package com.crocro.android.comic1koma;

public class Preview extends View {
    // 再描画で呼び出される
    @Override
    protected void onDraw(Canvas c) {
        // Canvasに対して描画を行う
    }
}
```

第8話　1コママンガ

> 画像データは
> どう利用するの
> ですか？

> ここで
> Bitmapクラスの
> 出番になる

> データから
> Bitmapを作る際は
> BitmapFactoryを
> 利用する

```
Bitmap bmp = BitmapFactory
                   .decodeFile(path);
```

> 作った
> Bitmapは
> Canvasに
> 描画できる

> BitmapやCanvasは
> 横幅や高さを
> 取得できるので
> 適切なサイズで
> 描画する

> Rectは
> intの矩形
> RectFは
> floatの矩形

```java
// 変数
public  Bitmap mBmp  = null;
private Rect   mRSrc = new Rect();
private RectF  mRDst = new RectF();

// 画像の設定
public void setBmp(Bitmap bmp) {
    mBmp = bmp;
    int w = mBmp.getWidth();
    int h = mBmp.getHeight();

    // 画像利用座標(int矩形)
    mRSrc.left  = 0; mRSrc.top    = 0;
    mRSrc.right = w; mRSrc.bottom = h;

    // 描画先座標(float矩形)
    mRDst.left  = 0; mRDst.top    = 0;
    mRDst.right = w; mRDst.bottom = h;
}

// 再描画
protected void onDraw(Canvas c) {
    // 画像の描画
    c.drawBitmap(mBmp, mRSrc, mRDst, null);
}
```

Canvasの描画命令でフキダシも作ろう

色や太さなどの設定はPaintクラスで設定する

```java
// フキダシ描画用変数
public Paint mPntFkFrm = new Paint();
public Paint mPntFkBdy = new Paint();
private RectF mRctFk = new RectF();

// コンストラクタ
public Preview(Context c, AttributeSet a)  {
    // フキダシの枠
    mPntFkFrm.setColor(Color.BLACK);
    mPntFkFrm.setStrokeWidth(3);
    mPntFkFrm.setStyle(Paint.Style.STROKE);
    mPntFkFrm.setAntiAlias(true);

    // フキダシの本体(塗り潰し)
    mPntFkBdy.setColor(Color.WHITE);
    mPntFkBdy.setAntiAlias(true);
}

// 再描画
protected void onDraw(Canvas c) {
    // フキダシを描画
    // 描画位置「mRctFk」は事前に設定
    c.drawOval(mRctFk, mPntFkBdy);   // 本体
    c.drawOval(mRctFk, mPntFkFrm);   // 枠
}
```

細かなところは完全なソースを参考にしてくれ

これで台詞付き画像を投稿しまくりよ！

できた！

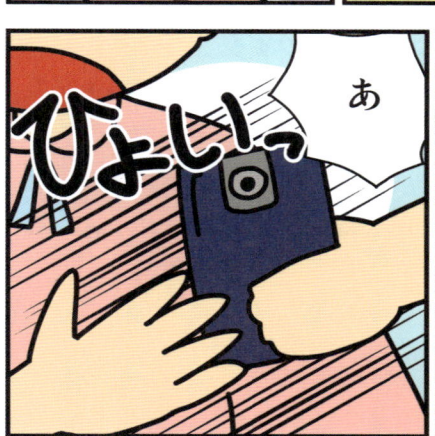

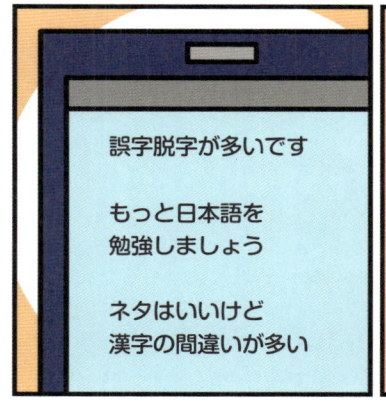

第 8 話　1 コママンガ

翌日

むぐうっ

どうしたの遊ちゃん？

ひょいっ

あ

どれどれ

あっ見ないで！

誤字脱字が多いです

もっと日本語を勉強しましょう

ネタはいいけど漢字の間違いが多い

せっかくのアプリも使う人次第ね

くそうっ言い返せないわ

はーーっ

ぐぬー

事前の準備

　本アプリは、外部ストレージに保存されている画像データを読み込んで使います。実機を使ってデバッグする場合は、カメラアプリで事前に写真を撮って画像を保存しておいてください。「AVD」を利用する場合は、以下の手順で「AVD」のSDカードに画像ファイルを転送してください。

手順 「AVD」への画像ファイルの転送の仕方

① 「Eclipse」で[DDMS]パースペクティブを開く。
② [ファイル・エクスプローラー]タブを選択する。
③ ファイル一覧の中から「sdcard」フォルダを選択する。
④ [ファイル・エクスプローラー]ビュー右上の[Push a file onto the device]ボタン(携帯電話に矢印マークのボタン)をクリックする。
⑤ ファイル選択ダイアログが開くので、デバイスに転送したい画像ファイルを選択して[開く]ボタンを押す。

アプリの使い方

● 「Comic1koma」アプリの外観

手順

❶ [画像読込]ボタンを押す。
❷ ダイアログが開くので、ファイルを選択する。
❸ [台詞入力]ボタンを押す。
❹「台詞入力」ダイアログが開くので、表示したい台詞を入力する（自動改行は行われないので適宜改行する）。
❺ [画像保存]ボタンを押す。
❻ 読み込んだファイルのフォルダに、新しい名前のファイルが作成される。

プロジェクトの構成

使用するファイルは以下の通りです。「Comic1koma.java」がAct vityで、「Preview.java」がプレビュー表示を行うクラスになります。

ファイルリスト

リソース
res¥layout¥main.xml

ソースコード
src¥com¥crocro¥android¥comic1koma¥Comic1koma.java
src¥com¥crocro¥android¥comic1koma¥Preview.java

「AndroidManifest.xml」への追加設定

外部ストレージにファイルを保存するには、セキュリティの設定を変更する必要があります。「AndroidManifest.xml」の「</application>」と「</manifest>」の間に、以下の「uses-permission」を追加します。

▼「AndroidManifest.xml」の抜粋

```
    </application>
    <uses-permission android:name="android.permission.WRITE_EXTERNAL_STORAGE"/>
</manifest>
```

■ レイアウトのXMLファイル「main.xml」

ビューを継承したオリジナルクラス「com.crocro.android.comic1koma. Preview」も、他のビューと同じようにレイアウト中に利用できます。

●「res¥layout¥main.xml」

```xml
<?xml version="1.0" encoding="utf-8"?>
<LinearLayout xmlns:android="http://schemas.android.com/apk/res/android"
    android:orientation="vertical"
    android:layout_width="fill_parent"
    android:layout_height="fill_parent">
    <LinearLayout
        android:layout_width="fill_parent"
        android:layout_height="wrap_content"
        android:orientation="horizontal">
        <Button android:text="画像読込" android:id="@+id/button1"
            android:layout_width="0dip" android:layout_height="fill_parent"
            android:layout_weight="1" />
        <Button android:text="台詞入力" android:id="@+id/button2"
            android:layout_width="0dip" android:layout_height="fill_parent"
            android:layout_weight="1" />
        <Button android:text="画像保存" android:id="@+id/button3"
            android:layout_width="0dip" android:layout_height="fill_parent"
            android:layout_weight="1" />
    </LinearLayout>
    <com.crocro.android.comic1koma.Preview android:id="@+id/pv"
        android:layout_width="wrap_content"
        android:layout_height="wrap_content"/>
</LinearLayout>
```

■「1コママンガ」のプログラム本体「Comic1koma.java」

●「src¥com¥crocro¥android¥comic1koma¥Comic1koma.java」

```java
package com.crocro.android.comic1koma;

import java.io.File;
```

```java
import android.app.Activity;
import android.app.AlertDialog;
import android.content.DialogInterface;
import android.graphics.Bitmap;
import android.graphics.BitmapFactory;
import android.os.Bundle;
import android.os.Environment;
import android.view.View;
import android.widget.Button;
import android.widget.EditText;
import android.widget.Toast;

public class Comic1koma extends Activity {
    // 変数
    private Preview mPv;
    private String[] mFnmArr;
    private String mNowPath;

    // 定数
    private final String FNM_UP = "../";

    // Activity作成時に呼ばれるメソッド
    @Override
    public void onCreate(Bundle savedInstanceState) {
        super.onCreate(savedInstanceState);
        setContentView(R.layout.main);

        // プレビュー
        mPv = (Preview)findViewById(R.id.pv);
```

> mPv変数には
> 自作ビューのPreviewを
> 取り出して格納している
> Previewでは
> 画像の表示だけでなく
> 保存処理も行っている

```java
        // 画像読み込みボタンの処理を追加
```

```java
Button btnLdImg = (Button)findViewById(R.id.button1);
btnLdImg.setOnClickListener(new View.OnClickListener() {
    public void onClick(View v) {
        File f = getExStrgDir();
        if (f != null) {
            selFlDlg(f.getAbsolutePath());     // ファイル選択ダイアログ
        }
    }
});

// 台詞入力ボタンの処理を追加
Button btnInput = (Button)findViewById(R.id.button2);
btnInput.setOnClickListener(new View.OnClickListener() {
    public void onClick(View v) {
        // エラー対策
        if (mPv.mBmp == null) return;

        // 台詞変更ダイアログ
        dlgAdd();
    }
});

// 画像保存ボタンの処理を追加
Button btnSvImg = (Button)findViewById(R.id.button3);
btnSvImg.setOnClickListener(new View.OnClickListener() {
    public void onClick(View v) {
        // 画像保存処理

        // エラー対策
        if (mPv.mBmp == null) return;
```

```java
        // 保存先
        File f = new File(mNowPath);
        if (! f.getParentFile().exists()) return;
        String dir = f.getParent();
        String fnm = f.getName();

        String newFnm = fnm.replaceAll("¥¥.(.+?)$", "");
        for (int i = 0; i < 8; i ++) {
            newFnm += "_srf";
```

```
                    f = new File(dir + File.separator + newFnm + ".png");
                    if (! f.exists()) break;
                    if (i == 7) return;
                }
                String newPth = dir + File.separator + newFnm + ".png";
```

> ここでは何をやっているの？

> 保存用にパスを作っている
> 「元のファイル名_srf.png」
> というファイル名を作り
> 同じディレクトリに
> 保存するようにしている

```
                // 保存
                mPv.svImg(newPth);

                // 結果表示
                Toast.makeText(Comic1koma.this, "Save Path:¥n" + newPth
                    Toast.LENGTH_SHORT).show();
            }
        });
    }
```

// 外部ストレージのディレクトリ取得

```
private static File getExStrgDir() {
    if (! Environment.getExternalStorageState().contains("mounted")) {
        return null;      // 外部ストレージが無効なので終了
    }

    // 外部ストレージのディレクトリ
    return Environment.getExternalStorageDirectory();
}


//-----------------------------------------------------------
```

// ファイル選択ダイアログ

> Androidにはファイル選択ダイアログが存在しない ここでは簡易的にファイル選択を行うためのダイアログを作成している

```java
private void selFlDlg(String nowPth) {
    // ファイル関係の初期化
    File f = new File(nowPth);
    if (! f.exists()) return;
    mNowPath = f.getAbsolutePath();

    // 対象がファイルの場合
    if (f.isFile()) {
        // ファイルを選択した
        ldImg();
        return;
    }

    // ファイル一覧作成
    String[] tmpArr = f.list();
    if (tmpArr == null) tmpArr = new String[]{};
    if (mNowPath.equals(getExStrgDir().getAbsolutePath())) {
        // 外部ストレージのルート
        mFnmArr = tmpArr;
    } else {
        // ルートより下のディレクトリ
        mFnmArr = new String[tmpArr.length + 1];
        mFnmArr[0] = FNM_UP;
        System.arraycopy(tmpArr, 0, mFnmArr, 1, tmpArr.length);
    }
```

> 外部ストレージのルート
> よりも上のディレクトリは
> 参照できないので
> 外部ストレージのルート
> 以上には行かないように
> している

```java
        // ダイアログの作成
        AlertDialog.Builder ad = new AlertDialog.Builder(this);
        ad
        .setTitle(mNowPath)
        .setItems(mFnmArr, clFl)
        .setNegativeButton("取消", null)
        .show();
    }
```

// ファイル選択用リスナー

```java
    private DialogInterface.OnClickListener clFl =
        new DialogInterface.OnClickListener() {
            @Override
            public void onClick(DialogInterface dialog, int which) {
                String pth = null;
                if (mFnmArr[which].equals(FNM_UP)) {
                    File f = new File(mNowPath);
                    pth = f.getParent();
                } else {
                    pth = mNowPath + File.separator + mFnmArr[which];
                }
                selFlDlg(pth);
            }
        };
```

// ファイル選択時の処理

```java
    private void ldImg() {
        // 画像の読み込み
        Bitmap bmp = null;
        try {
```

```
        bmp = BitmapFactory.decodeFile(mNowPath);
```

> BitmapFactoryの
> decodeFileメソッドで
> ファイルから画像を読み込む

```
    } catch (Exception e) {
        Toast.makeText(this, e.toString(), Toast.LENGTH_SHORT).show();
    }
    if (bmp == null) return;

    // プレビューに表示
    mPv.setBmp(bmp);

    mPv.invalidate();
```

> invalidateメソッドを
> 実行すると表示が更新される

```
}


//------------------------------------------------------------
// 台詞変更ダイアログ
private void dlgAdd() {
    // 入力欄の初期化
    final EditText editText = new EditText(this);
    editText.setText(mPv.mStrTxt);

    // ダイアログの作成
    AlertDialog.Builder ad = new AlertDialog.Builder(this);
    ad
    .setTitle("台詞の入力")
    .setView(editText)
    .setPositiveButton("変更", new DialogInterface.OnClickListener() {
        @Override
        public void onClick(DialogInterface dialog, int which) {
            // 台詞の変更
            String s = editText.getText().toString();
```

```java
            if (s.length() > 0) {
                mPv.mStrTxt = s;
                mPv.invalidate();
            }
        }
    })
    .setNegativeButton("取消", null)
    .show();
    }
}
```

▶︎「1コママンガ」の描画領域「Preview.java」

Viewクラスを継承した画像表示用のクラスです。画像だけでなく、フキダシや台詞も表示します。

● 「src¥com¥crocro¥android¥comic1koma¥Preview.java」

```java
package com.crocro.android.comic1koma;

import java.io.File;
import java.io.FileOutputStream;

import android.content.Context;
import android.graphics.Bitmap;
import android.graphics.Canvas;
import android.graphics.Color;
import android.graphics.Paint;
import android.graphics.Rect;
import android.graphics.RectF;
import android.util.AttributeSet;
import android.view.View;
```

```java
public class Preview extends View {
```

> このPreviewクラスは
> Viewクラスを継承しているのね

```java
    // 描画基本変数
```

```java
    private int mW;
    private int mH;
    public Bitmap mBmp = null;
    private Rect  mRctSrc = new Rect();
    private RectF mRctDst = new RectF();
    private float mWDw;
    private float mHDw;

    // 台詞位置変数
    public String mStrTxt = "ほげほげ\nふがふが";

    // 台詞描画用変数
    public Paint mPntFkFrm;
    public Paint mPntFkBdy;
    public Paint mPntTxt;

    private RectF mRctFk  = new RectF();
    private Rect  mRctTxt = new Rect();

    public static final int SRF_MRGN = 4;    // マージン

    // コンストラクタ
    public Preview(Context context, AttributeSet attrs) {
        super(context, attrs);
        setBackgroundColor(Color.WHITE);
```

```java
        // 台詞用ペイントの初期化
        mPntFkFrm = new Paint();
        mPntFkFrm.setColor(Color.BLACK);
        mPntFkFrm.setStrokeWidth(3);
        mPntFkFrm.setStyle(Paint.Style.STROKE);
        mPntFkFrm.setAntiAlias(true);

        mPntFkBdy = new Paint();
        mPntFkBdy.setColor(Color.WHITE);
        mPntFkBdy.setAntiAlias(true);

        mPntTxt = new Paint();
        mPntTxt.setTextSize(20);
        mPntTxt.setAntiAlias(true);
```

> オブジェクトの作成時に
> 描画設定を格納する
> Paintを初期化するのですね

> そうだ
> GCの発生を抑えるために
> 再利用可能なオブジェクトは
> 最初に作って
> 終了まで保持しておくとよい

```
}
```

// 画面のサイズ変更時

> onDrawの引数のCanvasは
> ビューの表示サイズではなく
> デバイスの画面いっぱいの
> サイズになっている
> そのためこのメソッド内で
> 表示サイズを受け取り
> あとで利用する

```java
@Override
protected void onSizeChanged(int w, int h, int oldw, int oldh) {
    mW = w;
    mH = h;
}
```

// 画像の設定

```java
public void setBmp(Bitmap bmp) {
    // 画像の設定
    if (bmp == null) return;
    mBmp = bmp;
```

```java
    // 描画用数値の計算
    int wBmp = mBmp.getWidth();
    int hBmp = mBmp.getHeight();
    float wRate = 1.0f * mW / wBmp;
    float hRate = 1.0f * mH / hBmp;
    float rate = wRate < hRate ? wRate : hRate;
    mWDw = wBmp * rate;
    mHDw = hBmp * rate;

    // 描画用矩形変数の値を設定
    mRctDst.left   = (mW - mWDw) / 2;
    mRctDst.top    = (mH - mHDw) / 2;
    mRctDst.right  = mRctDst.left + mWDw;
    mRctDst.bottom = mRctDst.top  + mHDw;

    mRctSrc.left   = 0;
    mRctSrc.top    = 0;
    mRctSrc.right  = wBmp;
    mRctSrc.bottom = hBmp;

    // フキダシの描画位置を設定
    mRctFk.left   = mRctDst.left - mWDw / 2;
    mRctFk.top    = mRctDst.top  - mHDw / 2;
    mRctFk.right  = mRctFk.left + mWDw;
    mRctFk.bottom = mRctFk.top  + mHDw;
}
```

// 再描画

```java
@Override
protected void onDraw(Canvas c) {
```

> onDrawの引数のCanvasに描画を行えば画面に反映されるぞ

```java
    // エラー対策
    if (mBmp == null) return;
```

// 画像の描画
```
c.drawBitmap(mBmp, mRctSrc, mRctDst, null);

// クリップを作成;
c.clipRect(mRctDst);
```

// フキダシを描画
```
c.drawOval(mRctFk, mPntFkBdy);
c.drawOval(mRctFk, mPntFkFrm);
```

// 台詞を描画
```
mPntTxt.getTextBounds(mStrTxt, 0, mStrTxt.length(), mRctTxt);
float txtH = mRctTxt.bottom - mRctTxt.top;
```

> PainteのgetTextBounds
> メソッドを使えば
> そのPaint設定での
> 文字列の描画サイズを
> 取得することが可能だ

> 文字列mStrTxtのサイズを
> 矩形mRctTxに取得しているの
> ですね

```
String[] sArr = mStrTxt.split("\n");
if (sArr != null) {
    for (int i = 0; i < sArr.length; i ++) {
        String s = sArr[i];
        c.drawText(s,
            mRctDst.left + SRF_MRGN,
            mRctDst.top  + (txtH + SRF_MRGN) * (i + 1),
            mPntTxt);
    }
}
}
```

// 画像の保存

```java
public void svImg(String svPth) {
    // エラー対策
    if (mBmp == null) return;
```

```java
    // 描画キャッシュをBMPに
    Bitmap cshBmp = null;
    try {
        setDrawingCacheEnabled(false);
        setDrawingCacheEnabled(true);
        cshBmp = Bitmap.createBitmap(getDrawingCache());
    } catch (Exception e) {
        System.out.println("Err : " + e);
    }
    if (cshBmp == null) return;
```

> ここではキャッシュを更新したあとgetDrawingCacheで画像として取り出している

```java
    // BMPの作成
    Bitmap svBmp = Bitmap.createBitmap(
        (int)mWDw, (int)mHDw, Bitmap.Config.ARGB_4444
    );
    Canvas c = new Canvas(svBmp);
    c.drawBitmap(cshBmp, - (int)mRctDst.left, - (int)mRctDst.top, null);
```

> 新たにビットマップを作成しているのはなぜ？

> ビューのキャッシュのサイズは画像の縦横比とは違うからだ トリミングした画像を保存用に作成している

// 保存

> 外部ストレージへの保存には
> マニフェストファイルの
> セキュリティ設定の変更が
> 必要になるぞ

```
FileOutputStream fos = null;
try {
    // BMPの保存
    fos = new FileOutputStream(new File(svPth));
    svBmp.compress(Bitmap.CompressFormat.PNG, 100, fos);
} catch (Exception e) {

    System.out.println( "Err2 : " + e );
} finally {
    if (fos != null) {
        try {fos.close();} catch (Exception e) {}
        fos = null;
    }
}
```

> 画像の保存は随分簡単ね

> ああ ファイル形式を指定して
> compressメソッドで
> 簡単に保存できる

```
    }
}
```

第9話
ヒゲとメガネ

今日も授業中に先生に怒られたわ

何をしたの遊ちゃん？

教科書の写真に落書きをしていたのよ

あー私の創作欲を満たす方法はないかしら

思う存分顔に落書きがしたいわ

第9話　ヒゲとメガネ

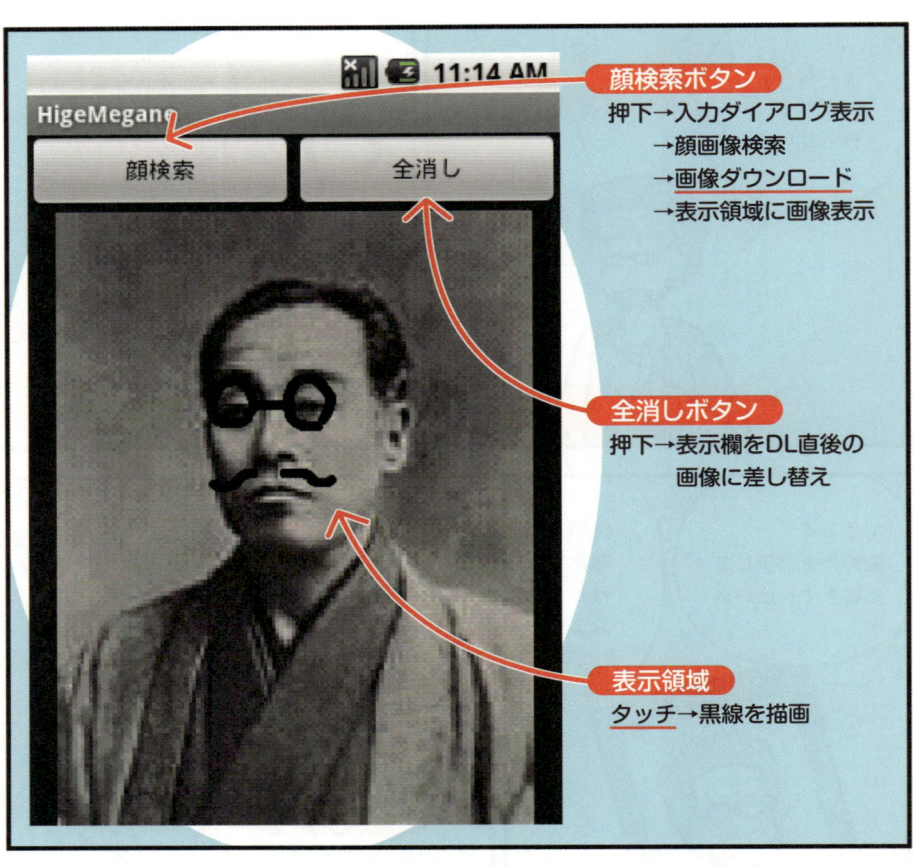

顔検索ボタン
押下→入力ダイアログ表示
　　→顔画像検索
　　→画像ダウンロード
　　→表示領域に画像表示

全消しボタン
押下→表示欄をDL直後の
　　　画像に差し替え

表示領域
タッチ→黒線を描画

通信とタッチが
新しいですね

そうだ
今回はここを
中心に話す

第9話 ヒゲとメガネ

まずAndroidでは通信を利用する際はアプリのセキュリティを変更する必要がある

セキュリティ？

そうだ マニフェストファイルに通信許可の設定を追加するんだ

ワン

```
~
    </application>
    <uses-permission android:name="android.permission.INTERNET" />
</manifest>
```

うへえ

ちょっと面倒ね

まあ我慢してくれ

アプリが密かに個人情報を送らないようにするための処置だ

> 実際の通信はHttpURLConnectionを使っておこなう

> クラスのだいたいの流れを書いておく詳細は完全なソースを見てくれ

> コネクションを作って接続し

> 入力ストリームを開いてデータを得ていくことになる

> ここではバイト配列出力ストリームを使ってデータを取り出している

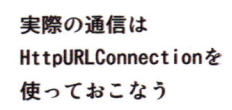

```java
byte[] byteArray = null;
int size;
byte[] w = new byte[1024];
HttpURLConnection con = null;
InputStream in = null;
ByteArrayOutputStream out = null;
try {
    URL url = new URL(path);
    con = (HttpURLConnection)
            url.openConnection();
    (省略:コネクションの各種設定)
    con.connect();   // 接続

    // 値の取得
    in = con.getInputStream();
                // ストリーム取得
    out = new ByteArrayOutputStream();
                // バイト配列用ストリーム
    while (true) {
        size = in.read(w);
        if (size <= 0) break;
        out.write(w, 0, size);
    }

    // 終了処理
    in.close();
    out.close();
    con.disconnect();

    // バイト配列取得
    byteArray = out.toByteArray();
```

第9話　ヒゲとメガネ

タッチパッドはどう扱うの？

Viewクラスの onTouchEvent を上書きする

引数の MotionEvent で情報を得られる

この情報を元に画像に描画をおこなえばいい

描画自体は前回と同じだソースを参考にしてくれ

```java
// タッチ・イベント
@Override
public boolean onTouchEvent(
        MotionEvent event) {
    float x = event.getX();  // X座標
    float y = event.getY();  // Y座標
    // アクションの種類
    switch (event.getAction()) {
        case MotionEvent.ACTION_DOWN:
            // タッチ開始時の処理
            break;
        case MotionEvent.ACTION_MOVE:
            // 移動時の処理
            break;
        case MotionEvent.ACTION_UP:
            // タッチ終了時の処理
            break;
    }
    return true;
}
```

というわけで複雑そうなアプリも

要素を分解してひとつずつ実装していけばきちんと作れる

ボタンごとに処理を考えればいいみたいですね

そうだな

シンプルなアプリならそれで問題ない

その方法では上手くいかない場合もあるのですか？

ゲームなどは画面を触らないでも進行するだろう

あっそうですね

そういったアプリの作り方は次回教える

第 9 話　ヒゲとメガネ

事前の準備

本アプリでは「Bing API」の画像検索を利用します。そのため、事前に「Windows Live ID」と「AppID」を作成する必要があります。以下の手順で事前の準備を行ってください。

手順 「AppID」の作成

① 「Bing Developer Center」(http://www.bing.com/developers/)にアクセスする。
② [Sign in]をクリックする(「Windows Live ID」を取得していない場合は[新規登録]をクリックしてIDを事前に作成する)。
③ 「Windows Live ID」と「パスワード」を入力して[サインイン]をクリックする。
④ [Get started by applying for an AppID now.]をクリックする。
⑤ 「Create a new AppID」と表示されたページが開くので、項目を埋めて[Agree]を押す。
⑥ 「AppID」が作成されるので、コピーして保存する。
⑦ 「DrawView.java」中の「AppID」の値を書き換える。

アプリの使い方

「HigeMegane」アプリの外観

> **手 順**
> ❶ [顔検索]ボタンを押す。
> ❷ 「顔の検索」ダイアログが表示されるので、探したい有名人の名前を入力する。
> ❸ 検索が成功すれば、1～2秒ほどで顔画像が表示される。
> ❹ 画面をタッチすれば落書きができる。
> ❺ 落書きを消したい場合は[全消し]ボタンを押す。

プロジェクトの構成

使用するファイルは以下の通りです。「HigeMegane.java」がActivityで、「DrawView.java」が描画領域になります。「UtilHttp.java」は、インターネット上からファイルをダウンロードするクラスです。

> **ファイルリスト**
>
> **リソース**
> res¥layout¥main.xml
>
> **ソースコード**
> src¥com¥crocro¥android¥higeMegane¥HigeMegane.java
> src¥com¥crocro¥android¥higeMegane¥DrawView.java
> src¥com¥crocro¥android¥common¥UtilHttp.java

「AndroidManifest.xml」への追加設定

通信を行うには、セキュリティの設定を変更する必要があります。「AndroidManifest.xml」の「</application>」タグと「</manifest>」の間に、以下の「uses-permission」を追加します。

▼「AndroidManifest.xml」の抜粋

```
    </application>
    <uses-permission android:name="android.permission.INTERNET" />
</manifest>
```

▶ レイアウトのXMLファイル「main.xml」

●「res¥layout¥main.xml」

```xml
<?xml version="1.0" encoding="utf-8"?>
<LinearLayout xmlns:android="http://schemas.android.com/apk/res/android"
    android:orientation="vertical"
    android:layout_width="fill_parent"
    android:layout_height="fill_parent">
    <LinearLayout
        android:layout_width="fill_parent"
        android:layout_height="wrap_content"
        android:orientation="horizontal">
        <Button android:text="顔検索" android:id="@+id/button1"
            android:layout_width="0dip" android:layout_height="fill_parent"
            android:layout_weight="1" />
        <Button android:text="全消し" android:id="@+id/button2"
            android:layout_width="0dip" android:layout_height="fill_parent"
            android:layout_weight="1" />
    </LinearLayout>
    <com.crocro.android.higeMegane.DrawView android:id="@+id/dv"
        android:layout_width="wrap_content"
        android:layout_height="wrap_content"/>
</LinearLayout>
```

▶「ヒゲとメガネ」のプログラム本体「HigeMegane.java」

●「src¥com¥crocro¥android¥higeMegane¥HigeMegane.java」

```java
package com.crocro.android.higeMegane;

import android.app.Activity;
import android.app.AlertDialog;
import android.content.DialogInterface;
import android.os.Bundle;
import android.view.View;
import android.widget.Button;
import android.widget.EditText;
```

```
public class HigeMegane extends Activity {
    // 変数
    private DrawView mDv;
    private EditText mEditText = null;
    private EditText mEditText = null;
```

// Activity作成時に呼ばれるメソッド

```
    @Override
    public void onCreate(Bundle savedInstanceState) {
        super.onCreate(savedInstanceState);
        setContentView(R.layout.main);

        // 描画ビュー
        mDv = (DrawView)findViewById(R.id.dv);

        // 顔検索ボタンの処理を追加
        Button btnSrchFc = (Button)findViewById(R.id.button1);
        btnSrchFc.setOnClickListener(new View.OnClickListener() {
            public void onClick(View v) {
                dlgSrchFc();      // 顔検索ダイアログ
            }
        });

        // 全消しボタンの処理を追加
        Button btnClr = (Button)findViewById(R.id.button2);
        btnClr.setOnClickListener(new View.OnClickListener() {
            public void onClick(View v) {
                mDv.clr();         // 全消し
            }
        });
    }
```

// 顔検索ダイアログ

```
    private void dlgSrchFc() {
```

```
// エディット・テキストの初期化
if (mEditText == null) mEditText = new EditText(this);
```

> mEditTextは
> ローカル変数ではなく
> メンバ変数にしている
> これは入力した値を
> リスナー内で取り出すためだ

```
// ダイアログの作成
AlertDialog.Builder ad = new AlertDialog.Builder(this);
ad
.setTitle("顔の検索")
.setView(mEditText)
.setPositiveButton("検索", new DialogInterface.OnClickListener() {
    @Override
    public void onClick(DialogInterface dialog, int which) {
```

```
        String s = mEditText.getText().toString();
```

> ここでmEditTextから入力した
> 文字列を取り出しているのですね

> そうだ この部分は
> DialogInterface.OnClickListener
> クラス内なので
> dlgSrchFcメソッド内の
> ローカル変数は使えない

```
        if (s.length() > 0) mDv.srchFc(s);     // 顔検索
    }
})
.setNegativeButton("取消", null)
.show();
    }
}
```

「ヒゲとメガネ」の落書き欄「DrawView.java」

「src¥com¥crocro¥android¥higeMegane¥DrawView.java」

```java
package com.crocro.android.higeMegane;

import java.io.ByteArrayInputStream;
import java.net.URLEncoder;

import com.crocro.android.common.UtilHttp;

import android.content.Context;
import android.graphics.Bitmap;
import android.graphics.BitmapFactory;
import android.graphics.Canvas;
import android.graphics.Color;
import android.graphics.Paint;
import android.graphics.Path;
import android.graphics.Rect;
import android.graphics.RectF;
import android.util.AttributeSet;
import android.view.MotionEvent;
import android.view.View;
import android.widget.Toast;

import org.json.JSONArray;
import org.json.JSONObject;

public class DrawView extends View {
```

// AppID(IDは適宜書き換え)
```java
    private static final String AppID = "*****";
```

> ここはBingのAppIDに適宜書き換えてくれ

```java
    // 描画基本変数
    private int mW;
    private int mH;
```

```
        private Bitmap mBmp = null;
        private Rect   mRctSrc = new Rect();
        private RectF mRctDst = new RectF();

        // 顔描画用変数
        private boolean mFrstDrw = true;      // 初回描画
        private Bitmap mBmpBuf;               // バッファ
        private Canvas mCnvs;
        private Path mPath;
        private Paint mPaint;
        private float mX, mY;
        private static final float MV_MIN = 2;
```

// コンストラクタ

```
        public DrawView(Context context, AttributeSet attrs)  {
            super(context, attrs);
```

```
            mPath = new Path();

            mPaint = new Paint();
            mPaint.setAntiAlias(true);
            mPaint.setDither(true);
            mPaint.setColor(Color.BLACK);
            mPaint.setStyle(Paint.Style.STROKE);
            mPaint.setStrokeJoin(Paint.Join.ROUND);
            mPaint.setStrokeCap(Paint.Cap.ROUND);
            mPaint.setStrokeWidth(6);

            mCnvs = new Canvas();
```

> ここでは
> 描画に利用する変数を
> 初期化している
> mPathは線を引くための変数
> mPaintは描画方法の変数だ
> mCnvsはバッファ用のBitmap
> mBmpBufに描画するための
> 変数になる

```
}
```

// 画面のサイズ変更時

```
@Override
protected void onSizeChanged(int w, int h, int oldw, int oldh) {
    mW = w;
    mH = h;
}
```

// 再描画

```
protected void onDraw(Canvas c) {
    // エラー対策
    if (mBmp == null) return;
```

// 初回描画時にバッファを作成

```
    if (mFrstDrw) {
        mBmpBuf = Bitmap.createBitmap(mW, mH, Bitmap.Config.ARGB_4444);
        mCnvs.setBitmap(mBmpBuf);
        mCnvs.drawBitmap(mBmp, mRctSrc, mRctDst, null);
        mPath.reset();
    }
    mFrstDrw = false;
```

> mBmpにはDLした画像を
> mBmpBufには落書きした画像を
> 保存している
> Bitmapに描画を行う際は
> Canvasを使うとよい

> mFrstDrwがtrueの時に
> mBmpBufを初期化して
> 線を引くためのmPathも
> リセットしているのですね

// 描画

```
    mCnvs.clipRect(mRctDst);                    // クリップ
```

```
        mCnvs.drawPath(mPath, mPaint);          // タッチ分の描画
        c.drawBitmap(mBmpBuf,0, 0, null);       // 反映
    }
```

 // 顔画像の検索
```
public void srchFc(String nmStr) {
    try {
```
        // URLの作成
```
        String urlStr = "http://api.search.live.net/json.aspx"
        + "?Appid=" + AppID
        + "&Query=" + URLEncoder.encode(nmStr, "utf-8")
        + "&Sources=Image"
        + "&Version=2.2"
        + "&Market=ja-JP"
        + "&Image.Count=10"
        + "&Image.Offset=0"
        + "&JsonType=raw"
        + "&Image.Filters=Face:Face";    // 顔画像をのみを取得
```

        // 文字列の取得
```
        String strJson = UtilHttp.getHttpStr(urlStr);
```

        // JSONの解析
```
        JSONObject jsonObj;
        JSONArray  jsonArr;
        jsonObj = new JSONObject(strJson);
        jsonObj = jsonObj.getJSONObject("SearchResponse");
        jsonObj = jsonObj.getJSONObject("Image");
        jsonArr = jsonObj.getJSONArray("Results");
        jsonObj = jsonArr.getJSONObject(0);
        jsonObj = jsonObj.getJSONObject("Thumbnail");
        String imgUrl = jsonObj.getString("Url");
```

> ここでは
> 連想配列を表すJSONObjectと
> 配列を表すJSONArrayを
> 利用して
> 画像のURLを取り出している

```
// サムネールを取得
byte[] bArray = UtilHttp.getHttpByte(imgUrl);

// バイト配列からBitmapを作成
mBmp = BitmapFactory.decodeStream(
    new ByteArrayInputStream(bArray)
);
```

> バイト配列として
> 取得した画像は
> BitmapFactoryを利用して
> 実際の画像に変換するのですね

```
//--------------------------------------------------------------
// 描画用数値の計算
int wBmp = mBmp.getWidth();
int hBmp = mBmp.getHeight();
float wRate = 1.0f * mW / wBmp;
float hRate = 1.0f * mH / hBmp;
float rate = wRate < hRate ? wRate : hRate;
float wDw = wBmp * rate;
float hDw = hBmp * rate;
```

```
// 描画用矩形変数の値を設定
mRctDst.left   = (mW - wDw) / 2;
mRctDst.top    = (mH - hDw) / 2;
mRctDst.right  = mRctDst.left + wDw;
mRctDst.bottom = mRctDst.top  + hDw;

mRctSrc.left   = 0;
mRctSrc.top    = 0;
mRctSrc.right  = wBmp;
mRctSrc.bottom = hBmp;
```

> このmRctDstとmRctSrcは何？

> mRctSrcが元の画像の参照位置
> mRctDstが描画先の
> 位置とサイズだ
> DLした画像は
> サイズがそれぞれ違うので
> どう描画するか
> 計算しているんだ

```
    } catch (Exception e) {
        mBmp = null;         // 未検索状態に
        String s = e.toString();
        if (s.length() > 256) s = s.substring(0, 256) + "...";
        Toast.makeText(getContext(), s, Toast.LENGTH_LONG).show();
        return;
    }

    // 再描画
    mFrstDrw = true;         // 初回描画
    invalidate();
}

// 全消し
public void clr() {
    mFrstDrw = true;         // 初回描画
    invalidate();            // 再描画
}

//-----------------------------------------------------------

// タッチイベント
@Override
public boolean onTouchEvent(MotionEvent event) {
    float x = event.getX();
    float y = event.getY();
```

画面がタッチされた際の詳細は
MotionEventとして与えられる
このオブジェクトからは
タッチ位置やタッチの状態を
取り出せる

```
switch (event.getAction()) {
    case MotionEvent.ACTION_DOWN:
        // ダウン時
        mPath.reset();
        mPath.moveTo(x, y);
        mX = x;
        mY = y;
        invalidate();
        break;
    case MotionEvent.ACTION_MOVE:
        // 移動時
        if (Math.abs(x - mX) >= MV_MIN || Math.abs(y - mY) >= MV_MIN) {
            mPath.quadTo(mX, mY, (x + mX)/2, (y + mY)/2);
            mX = x;
            mY = y;
        }
        invalidate();
        break;
    case MotionEvent.ACTION_UP:
        // アップ時
        mPath.lineTo(mX, mY);
        invalidate();
        break;
}
```

mPathに座標を登録しておいて
あとで描画に利用するんですね

> そうだ
> invalidateで再描画が
> 行われる

```
        return true;
    }
}
```

⇒ 通信を行うクラス「UtilHttp.java」

▼「src¥com¥crocro¥android¥common¥UtilHttp.java」

```java
package com.crocro.android.common;

import java.io.*;
import java.net.URL;
import java.net.HttpURLConnection;

public class UtilHttp {
```

```java
    // 文字列の取得
    public static String getHttpStr(String path) {
        try {
            return new String(getHttpByte(path));
        } catch (Exception e) {}
        return "";
    }
```

> このgetHttpStrは
> 内部的にgetHttpByteを呼んで
> 文字列に変換して戻すだけの
> メソッドだ

```java
    // HTTP通信を行いバイト配列を取得
    public static byte[] getHttpByte (String path) throws Exception {
        // 変数の初期化
        byte[] resByteArray = new byte[0];
```

```
int size;
byte[] w = new byte[1024];
URL url;
HttpURLConnection con = null;
InputStream in = null;
ByteArrayOutputStream out = null;

// 通信
try {
```

```
    // URLの初期化
    url = new URL(path);

    // コネクションの初期化
    con = (HttpURLConnection)url.openConnection();
```

> URLクラスの
> openConnectionメソッドで
> ネット接続するための
> コネクションを作れる

```
    con.setRequestMethod("GET");

    // 接続タイムアウトを5秒に(デフォルトでは無限)
    con.setConnectTimeout(5 * 1000);

    // 読み込みタイムアウトを60秒に(デフォルトでは無限)
    con.setReadTimeout(60 * 1000);

    // ユーザー・エージェントを設定
    con.setRequestProperty("User-Agent",
        "Mozilla/4.0 (compatible; MSIE 5.5; Windows 98)");

    // 接続
    con.connect();
```

> 各種設定をしたあと
> connectメソッドで通信が
> 開始するのですね

```
        // 値の取得
        in = con.getInputStream();
        out = new ByteArrayOutputStream();
        while (true) {
            size = in.read(w);
            if (size <= 0) break;
            out.write(w, 0, size);
        }

        // 終了処理
        in.close();
        out.close();
        con.disconnect();

        // バイト配列の取得
        resByteArray = out.toByteArray();
    } catch (Exception e) {
        // エラー時終了処理
        try {if (con != null) con.disconnect();} catch (Exception e2) {}
        try {if (in != null) in.close();} catch (Exception e2) {}
        try {if (out != null) out.close();} catch (Exception e2) {}
    }
    con = null;
    in = null;
    out = null;

    // 値を返して終了
    return resByteArray;
    }
}
```

第 9 話　ヒゲとメガネ

第10話 ラーメンタイマー

うーん

どうしたの遊ちゃん？

カップラーメンを食べるんじゃなかったの？

そうもいかないのよ

私のようなラーメンソムリエになると

その日の気分に合わせて麺の硬さを変えたいのよ

第10話　ラーメンタイマー

時計で時間を
はかったら？

ちっちっちっ

やはり達人は
道具にこだわる
べきよ

専用の道具が
欲しいわ

ぼそ

面倒ね…

というわけで
先生

ラーメンソムリエに
相応しい
ラーメンタイマーを
作ってちょうだい

自分で作れ

作り方は
教えてやる

ケチ

というわけで今回はスレッドを教えるぞ

スレッド？

そうだ

これまではボタンで処理が実行されるプログラムを書いてきた

今回はボタンなしでも自動で処理されるプログラムを書く

そんなことができるの？

スレッドを使えば実現できる

メインの処理に対して別系統の処理を作り

自動で実行されるプログラムを実現する

第 10 話 ラーメンタイマー

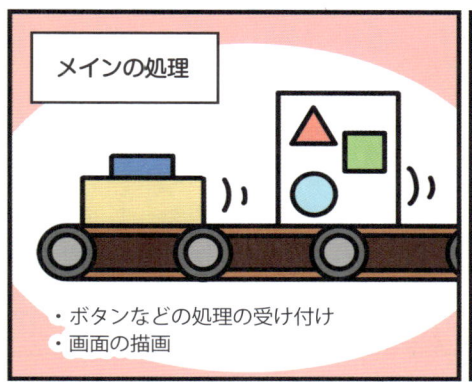

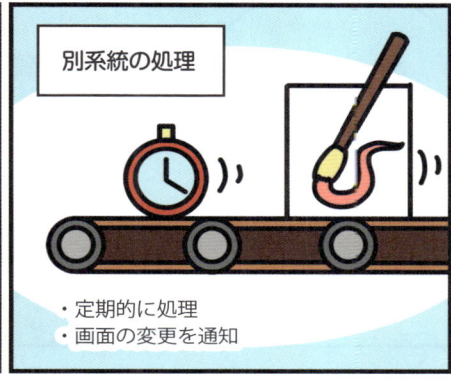

メインの処理
・ボタンなどの処理の受け付け
・画面の描画

別系統の処理
・定期的に処理
・画面の変更を通知

こういった実行単位をスレッドという

スレッドは糸や筋道といった意味

別系統の処理は約100msごとに実行させる

開始時間から現在時間を引けば経過時間が分かる

この時間を画面に表示して時間になったら音を鳴らす

```java
public class TimerThread extends Thread {
    // 変数の初期化
    private long mTmStrt;
    private long mTmElapse;

    // 開始時間の記録
    public void doStart() {
        mTmStrt =
            System.currentTimeMillis();
    }

    // スレッドのループ処理
    @Override
    public void run() {
        while (true) {
            try {
                sleep(100);
            } catch (Exception e) {}

            // 経過時間の計算
            mTmElapse =
                System.currentTimeMillis()
                - mTmStrt;
            (省略：更新処理、終了確認処理)
        }
    }
}
```

というわけで
今回のアプリの
完成図と内容だ

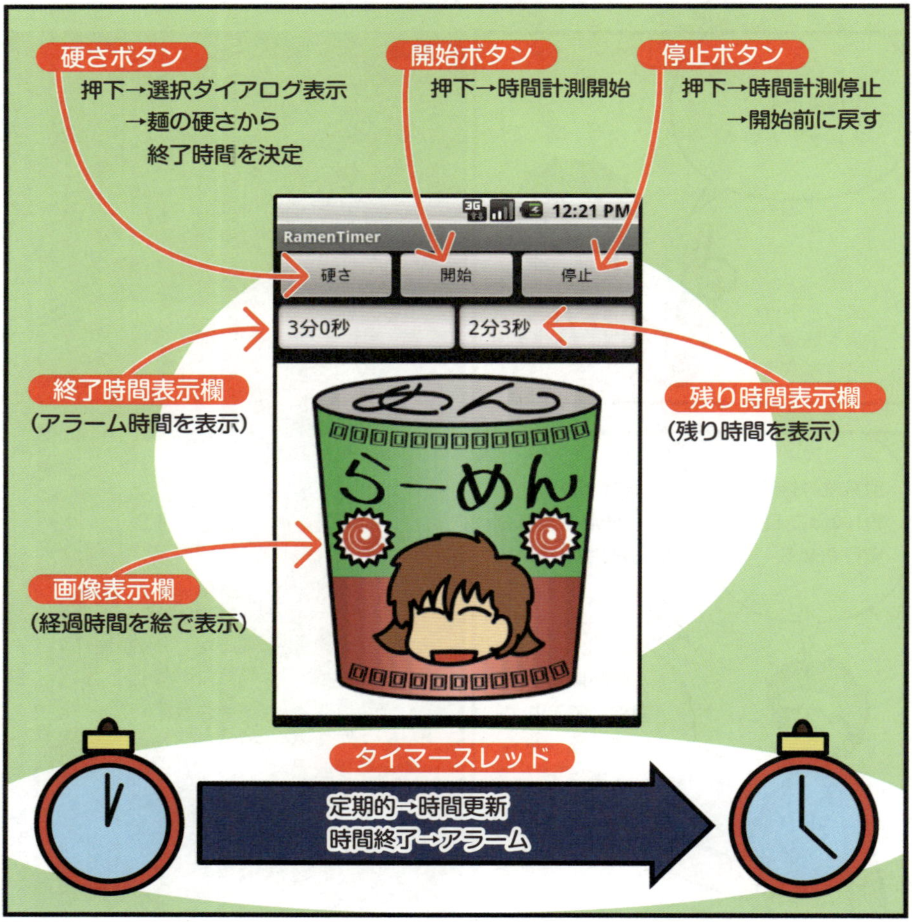
硬さボタン
押下→選択ダイアログ表示
→麺の硬さから
終了時間を決定
開始ボタン
押下→時間計測開始
停止ボタン
押下→時間計測停止
→開始前に戻す
12:21 PM
RamenTimer
硬さ
開始
停止
3分0秒
2分3秒
終了時間表示欄
（アラーム時間を表示）
残り時間表示欄
（残り時間を表示）
めん
らーめん
画像表示欄
（経過時間を絵で表示）
タイマースレッド
定期的→時間更新
時間終了→アラーム

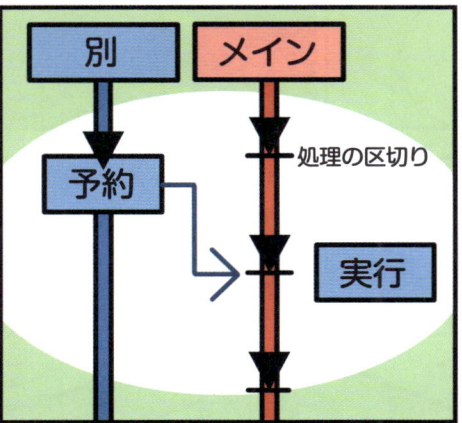

第10話 ラーメンタイマー

音はどうやって鳴らすのですか？

res/rawフォルダに音声ファイルを置いて利用する

音の再生はMediaPlayerを使う

またR.raw.alertはrawフォルダ内の画像ファイルになる

詳細は完全なソースを見てくれ

```java
public class TimerThread extends Thread {
    // 変数
    private MediaPlayer mMP;

    // コンストラクタ
    public TimerThread(RamenTimer rt) {
        mMP = MediaPlayer.create(
                rt, R.raw.alert);
    }

    // アラーム処理
    private alerm() {
        mMP.start();    // アラームを鳴らす
    }
}
```

というわけでアプリの完成だ

必要最小限の機能だが目的は達しているだろう

第 10 話　ラーメンタイマー

おぉー

これで私の
ラーメンソムリエの
レベルも上がった
わね

さあ
カップラーメンを
作るわよ！

ドン

どれどれ

うつらうつら

ピピピ

ZZZ

数分後

はっ！

のび
のび〜〜

しまった
寝過ごして
しまったわ

アプリの使い方

▼「RamenTimer」アプリの外観

手順

❶ [硬さ]ボタンを押す。
❷「硬さ」ダイアログが表示されるので、リストから硬さを選ぶ。
❸ [開始]ボタンを押す。
❹ タイマーが終了するとアラームが鳴る。
❺ タイマーを途中で停止したい場合は[停止]ボタンを押す。

プロジェクトの構成

　使用するファイルは以下の通りです。「RamenTimer.java」がActivityで、「TimerThread.java」がタイマーの進行を管理するクラスになります。

　「res¥drawable¥p0 〜 11.png」は、タイマーの進行に合わせて表示を切り換えていく画像です。これらの画像は「R.drawable.p0 〜 11」というリソースIDで参照できます。

Androidでは画像ファイルとしてpng、jpg、gif、bmpを利用できます。

画像ファイルは「res¥drawable」フォルダに格納します。また「res¥drawable-<環境>」といったフォルダに保存しても構いません。このようなフォルダに保存した画像は、デバイスが指定した環境であった際に、「drawable」内のファイルの代わりに読み込まれます。

たとえば「drawable-land」というフォルダを作成して画像を保存すると、横向き画面(landscape)の時に、このフォルダ内の画像が優先的に読み込まれます。また「drawable-port」の場合は縦向き画面(portrait)の時に優先的に読み込まれます。「drawable-land」や「drawable-port」に画像がない場合は「drawable_フォルダの画像が読み込まれます。

同様に、デバイスの解像度に応じて読み込む画像を変えることもできます。その場合は「drawable-hdpi」「drawable-mdpi」「drawable-ldpi」に画像を格納します。これらのフォルダには、あらかじめアプリケーションのアイコンが格納されています。

画像ファイル以外のrawデータは、「res¥raw」フォルダに格納します。このフォルダには音声データやその他のバイナリデータなどを保存します。ここでは「alert.ogg」という音声データを保存しています。

Androidでは音声データとしてmp3、wav、ogg、midなどのファイルを利用できます。対応フォーマットの詳細は、ドキュメントの「docs/guide/appendix/media-formats.html」にまとめられていますので参考にしてください。

ファイルリスト

リソース

res¥layout¥main.xml

res¥drawable¥p0.png
res¥drawable¥p1.png
res¥drawable¥p2.png
res¥drawable¥p3.png
res¥drawable¥p4.png
res¥drawable¥p5.png

res¥drawable¥p6.png
res¥drawable¥p7.png
res¥drawable¥p8.png
res¥drawable¥p9.png
res¥drawable¥p10.png
res¥drawable¥p11.png

res¥raw¥alert.ogg

ソースコード
src¥com¥crocro¥android¥ramenTimer¥RamenTimer.java
src¥com¥crocro¥android¥ramenTimer¥TimerThread.java

▶レイアウトのXMLファイル「main.xml」

●「res¥layout¥main.xml」

```xml
<?xml version="1.0" encoding="utf-8"?>
<LinearLayout xmlns:android="http://schemas.android.com/apk/res/android"
    android:orientction="vertical"
    android:layout_width="fill_parent"
    android:layout_height="fill_parent">
    <LinearLayout
        android:layout_width="fill_parent"
        android:layout_height="wrap_content"
        android:orientation="horizontal">
        <Button android:text="硬さ" android:id="@+id/button1"
            android:layout_width="0dip" android:layout_height="fill_parent"
            android:layout_weight="1" />
        <Button android:text="開始" android:id="@+id/button2"
            android:layout_width="0dip" android:layout_height="fill_parent"
            android:layout_weight="1" />
        <Button android:text="停止" android:id="@+id/button3"
            android:layout_width="0dip" android:layout_height="fill_parent"
            android:layout_weight="1" />
    </LinearLayout>
    <LinearLayout
        android:layout_width="fill_parent"
```

```xml
        android:layout_height="wrap_content"
        android:orientation="horizontal">
        <EditText android:text="" android:id="@+id/editText1"
            android:layout_width="0dip" android:layout_height="wrap_content"
            android:editable="false" android:focusable="false"
            android:layout_weight="1" />
        <EditText android:text="" android:id="@+id/editText2"
            android:layout_width="0dip" android:layout_height="wrap_content"
            android:editable="false" android:focusable="false"
            android:layout_weight="1" />
    </LinearLayout>
    <ImageView android:id="@+id/imageView1"
        android:layout_width="fill_parent"
        android:layout_height="fill_parent"
        android:src="@drawable/p0" android:scaleType="fitCenter"/>
</LinearLayout>
```

画像ファイル「p0 〜 11.png」

➡️「ラーメンタイマー」のプログラム本体「RamenTimer.java」

🔽「src¥com¥crocro¥android¥ramenTimer¥RamenTimer.java」

```java
package com.crocro.android.ramenTimer;

import android.app.Activity;
import android.app.AlertDialog;
import android.content.DialogInterface;
import android.os.Bundle;
import android.view.View;
import android.widget.Button;
import android.widget.EditText;
import android.widget.ImageView;

public class RamenTimer extends Activity {
    // 変数
    public ImageView mImgVw;
    public EditText mEdtTxtFin;
    public EditText mEdtTxtNow;
```

```java
    private static final String[] MEN_KATA = {"コナオトシ", "ハリガネ",
        "バリカタ", "カタ", "普通", "ヤワ", "バリヤワ"};
    private final static int[] MEN_TM = {100, 120 , 140, 160, 180, 210, 240};
    private int mMenKata = 4;     // 普通
```

> 麺の硬さのリストを
> 文字列と秒数の配列で
> 用意している
> 初期状態は4で「普通」
> 「180秒(3分)」になる

```java
    private int mTmpNo;
    private TimerThread mTT;

    // Activity作成時に呼ばれるメソッド
    @Override
    public void onCreate(Bundle savedInstanceState) {
```

```
super.onCreate(savedInstanceState);
setContentView(R.layout.main);
```

```
// イメージビュー
mImgVw = (ImageView)findViewById(R.id.imageView1);
```

> ImageViewは画像を
> 手軽に表示できるビューだ

```
// 硬さボタンの処理を追加
Button btnSelTyp = (Button)findViewById(R.id.button1);
btnSelTyp.setOnClickListener(new View.OnClickListener() {
    public void onClick(View v) {
        dlgSelTyp();      //硬さ
    }
});

// 開始ボタンの処理を追加
Button btnStrt = (Button)findViewById(R.id.button2);
btnStrt.setOnClickListener(new View.OnClickListener() {
    public void onClick(View v) {
        resetEditView();    // 入力欄のリセット
        mTT.doStart(MEN_TM[mMenKata] * 1000);    // 開始
    }
});

// 停止ボタンの処理を追加
Button btnRst = (Button)findViewById(R.id.button3);
btnRst.setOnClickListener(new View.OnClickListener() {
    public void onClick(View v) {
        mTT.doStop();        // 停止
    }
});

// 入力欄
mEdtTxtFin = (EditText)findViewById(R.id.editText1);
mEdtTxtNow = (EditText)findViewById(R.id.editText2);
resetEditView();    // 入力欄のリセット
```

```
    // タイマー・スレッド
    mTT = new TimerThread(this);
```

> このTimerThreadが
> 別のスレッドになるんですね

```
}

//------------------------------------------------------------
```
// 硬さダイアログ
```java
private void dlgSelTyp() {
    AlertDialog.Builder ad = new AlertDialog.Builder(this);
    ad
    .setTitle("麺の硬さ")
    .setSingleChoiceItems(MEN_KATA, mMenKata,
        new DialogInterface.OnClickListener() {
            @Override
            public void onClick(DialogInterface dialog, int which) {
                mTmpNo = which;
            }
        }
    )
    .setPositiveButton("変更",
        new DialogInterface.OnClickListener() {
            @Override
            public void onClick(DialogInterface dialog, int which) {
                mMenKata = mTmpNo;
                resetEditView();    // 入力欄のリセット
            }
        }
    )
    .setNegativeButton("取消", null)
    .show();
}

public String getJpnTm(int secTm) {
    return (secTm / 60) + "分" + (secTm % 60) + "秒";
```

```
    }
```

// 入力欄のリセット
```
    public void resetEditView() {
        mEdtTxtFin.setText(getJpnTm(MEN_TM[mMenKata]));
        mEdtTxtNow.setText(getJpnTm(MEN_TM[mMenKata]));
    }
}
```

▶「ラーメンタイマー」の別スレッド「TimerThread.java」

●「src¥com¥crocro¥android¥ramenTimer¥TimerThread.java」

```
package com.crocro.android.ramenTimer;

import android.media.MediaPlayer;
import android.os.Handler;

public class TimerThread extends Thread {
    // 変数
    private RamenTimer mRT;
    private boolean mRun = false;
    private long mTmStrt;
    private long mTmElapse;
    private int mTmMax;
    private Handler mHandler;
    private MediaPlayer mMP;

    private static final int[] IMGS = {
        R.drawable.p0, R.drawable.p1, R.drawable.p2, R.drawable.p3,
        R.drawable.p4, R.drawable.p5, R.drawable.p6, R.drawable.p7,
        R.drawable.p8, R.drawable.p9, R.drawable.p10,R.drawable.p11
    };
    private static final int I_SZ = IMGS.length;
```

画像のリソースIDを配列に格納しておいて使いやすくしているのですね

// コンストラクタ
```
public TimerThread(RamenTimer rt) {
    mRT = rt;
    mHandler = new Handler();
```

```
    mMP = MediaPlayer.create(mRT, R.raw.alert);
```

> MediaPlayerを利用して
> 「res¥raw¥alert.ogg」を
> 音声データとして読み込む

// スレッドの開始
```
    start();
}
```

// 開始
```
public void doStart(int tmMax) {
    mTmMax = tmMax;
    mTmStrt = System.currentTimeMillis();
    mRun = true;
}
```

// 停止
```
public void doStop() {
    mRun = false;
}
```

// run
```
@Override
public void run() {
    while (true) {
        // 進行管理
        try {
            if (mRun) {
                sleep(100);     // 実行時
            } else {
                sleep(500);     // 停止時
                continue;       // 処理なし
```

```
            }
        } catch (Exception e) {}

        // 経過時間
        mTmElapse = System.currentTimeMillis() - mTmStrt;

        // 終了判定
        if (mTmElapse > mTmMax) {
```

```
            mMP.start();    // アラームを鳴らす
```

> MediaPlayerのstartメソッドで音を再生できる

```
            mRun = false;
        }

        // 現在時間更新
        update();
    }
}
```

// 現在時間更新

```
public void update() {
```

> メインスレッド以外は描画の更新を行えない そこでHandlerを利用して描画処理を予約する

```
    mHandler.post(new Runnable() {
        @Override
        public void run() {
            // 変数の初期化
            int tmRst = (int)(mTmMax - mTmElapse) / 1000;
            int nowImg = 0;
```

```
// 時間表示の更新
if (tmRst < 0) {
    tmRst = 0;
    nowImg = I_SZ - 1;
} else {
    nowImg = (int)((I_SZ - 2) * mTmElapse / mTmMax) + 1;
}
mRT.mEdtTxtNow.setText(mRT.getJpnTm(tmRst));
```

```
// 画像の更新
mRT.mImgVw.setImageResource(IMGS[nowImg]);
```

> 時間の進行に合わせて画像のリソースIDをイメージビューに設定していくんだ

> なるほどこうして画像を差し替えていくのですね

```
        }
    });
}
}
```

第 10 話　ラーメンタイマー

いろんなクラスが出てくるけど英語を読めないから謎の呪文よね

第11話 ランダムWikipedia

うーーん

おっ 珍しいな
勉強しているのか?

先生
遊が自主的に
勉強するわけが
ありません

そうだったな

むっ
勉強してる
わよ

クイズ大会に
出ることに
なったのよ

1位は
ハワイ旅行

第 11 話　ランダム Wikipedia

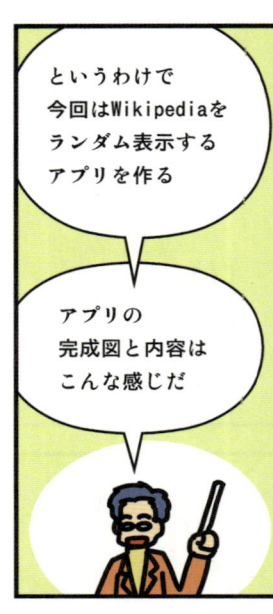

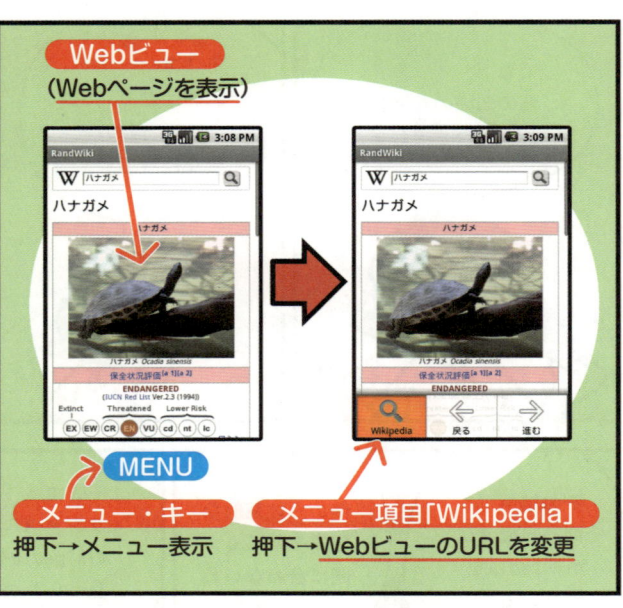

というわけで今回はWikipediaをランダム表示するアプリを作る

アプリの完成図と内容はこんな感じだ

Webビュー
(Webページを表示)

メニュー・キー
押下→メニュー表示

メニュー項目「Wikipedia」
押下→WebビューのURLを変更

随分シンプルなアプリね

まあな Webビューが高機能なので簡単なんだ

ほとんどこれで片が付く

先生と違って優秀なのね

おいっ

第 11 話 ランダム Wikipedia

ここで注意点だ

Webビューは通信をおこなう

だからマニフェストに通信許可の設定が必要だ

前々回のアプリを参考にしてくれ

プログラムは簡単だ

loadUrlにURLを書けばいい

```java
@Override
public void onCreate(Bundle b) {
    WebView webView = new WebView(this);
    webView.setLayoutParams(
        new LinearLayout.LayoutParams(
            LayoutParams.FILL_PARENT,
            LayoutParams.FILL_PARENT)
    );  // レイアウト設定 親にフィット
    setContentView(webView);  // 表示に追加
    String url = (おまかせWikipediaのURL);
    webView.loadUrl(url);
}
```

簡単ね

そうだろ

メニューの表示は
どうするんですか？

Activityの
機能を利用する

Activityには
メニュー用の
メソッドがある

メソッド	呼び出し条件
onCreateOptionsMenu	作成時(初回のみ)
onPrepareOptionsMenu	開く直前(毎回)
onOptionsItemSelected	項目選択時
onOptionsMenuClosed	閉じる時

初期化時に
メニューを作り

あとは選択時の
処理を書けばいい

```java
// メニュー作成
@Override
public boolean onCreateOptionsMenu(Menu menu) {
    super.onCreateOptionsMenu(menu);
    MenuItem mnItm = menu.add(
        0, MN_ID_RND, 0, "Wikipedia");
    return true;
}

// メニュー選択
@Override
public boolean onOptionsItemSelected(MenuItem item) {
    switch (item.getItemId()) {
        case MN_ID_RND:
            // おまかせWikipediaを読み込み
            mWebView.loadUrl(url);
            return true;
    }
    return false;
}
```

第 11 話　ランダム Wikipedia

アプリの使い方

「RandWiki」アプリの外観

手順

1. デバイスの[MENU]キーを押す。
2. メニューから[Wikipedia]を選択する。
3. 数秒後に、ランダムで「Wikipedia」の内容が表示される。

プロジェクトの構成

使用するファイルは以下の通りです。

ファイルリスト

リソース

res¥drawable¥ic_menu_back.png

res¥drawable¥ic_menu_forward.png

ソースコード

src¥com¥crocro¥android¥randWiki¥RandWiki.java

第 11 話　ランダム Wikipedia

　本アプリでは、メニュー用のアイコンとして、虫眼鏡と左矢印と右矢印の画像を利用しています。このうち、虫眼鏡の画像は、Android内に用意されている画像を利用しています。また、左右の矢印の画像は「res¥drawable」に保存しています。
　Android内に用意されている画像は、「android.R.drawable.〜」というリソースIDで利用できます。使用できる画像は、リファレンス（docs/reference/classes.html）の「R.drawable」の項目で確認できます。
　Androidの開発者に用意されている画像は「R.drawable」だけではありません。「ADK」内にも多数の画像が用意されています。本アプリで使用している左右の矢印の画像は、この画像を利用しています。
　これらの画像は、「ADK」の「platforms¥android-XX¥data¥res¥drawable-*」（*はhdpi/mdpi/ldpiなどのフォルダ）に保存されています。必要に応じて「res¥drawable」にコピーして利用するとよいでしょう。

矢印画像ファイル「ic_menu_back.png」「ic_menu_forward.png」

「ランダムWikipedia」のプログラム本体「RandWiki.java」

「src¥com¥crocro¥android¥randWiki¥RandWiki.java」

```
package com.crocro.android.randWiki;

import android.app.Activity;
import android.app.ProgressDialog;
import android.graphics.Bitmap;
import android.os.Bundle;
import android.view.Menu;
import android.view.MenuItem;
import android.view.ViewGroup.LayoutParams;
```

```java
import android.webkit.WebView;
import android.webkit.WebViewClient;
import android.widget.LinearLayout;

public class RandWiki extends Activity {
    // 変数
    private static final String WK_URL = "http://ja.wikipedia.org/wiki/"
        + "%E7%89%B9%E5%88%A5:%E3%81%8A%E3%81%BE%E3%81%8B%E3"
        + "%81%9B%E8%A1%A8%E7%A4%BA";    // 「おまかせWikipedia」のURL
    WebView mWebView;
    ProgressDialog mPrgDlg = null;

    // Activity作成時に呼ばれるメソッド
    @Override
    public void onCreate(Bundle savedInstanceState) {
        super.onCreate(savedInstanceState);

        // WebView
        mWebView = new WebView(this);
```

```java
        // レイアウトの設定
        mWebView.setLayoutParams(new LinearLayout.LayoutParams(
            LayoutParams.FILL_PARENT,
            LayoutParams.FILL_PARENT
        ));
```

> ここでは
> レイアウトのXMLを使わずに
> 直接値を設定している

```java
        // javascriptを有効にする
        mWebView.getSettings().setJavaScriptEnabled(true);

        // クライアント(ブラウザ)の挙動を設定
        mWebView.setWebViewClient(new WebViewClient(){
            // リダイレクト時にBrowserを起動する挙動を阻害
            @Override
            public boolean shouldOverrideUrlLoading(WebView view,
            String url) {
```

```
            return super.shouldOverrideUrlLoading(view, url);
        }
```

> 読み込みには数秒かかる
> その間アプリが止まったように
> 見えないように
> プログレスダイアログを
> 表示させる

```
// プログレスダイアログを表示
@Override
public void onPageStarted(WebView view, String url,
Bitmap favicon) {
    super.onPageStarted(view, url, favicon);

    if (mPrgDlg == null) {     // 重複呼び出し対策
        mPrgDlg = new ProgressDialog(view.getContext());
        mPrgDlg.setMessage("Now Loading...");
        mPrgDlg.setProgressStyle(ProgressDialog.STYLE_SPINNER);
        mPrgDlg.show();
```

> スピナーって何？

> スピンするものだ
> くるくる回転するアイコンが
> 表示されるぞ

```
    }
}
```

```
        // プログレスダイアログを消去
        @Override
        public void onPageFinished(WebView view, String url) {
            super.onPageFinished(view, url);
            if (mPrgDlg != null) {     // 重複呼び出し対策
                mPrgDlg.dismiss();
```

```
                mPrgDlg = null;         // 処理が終了したのでnullに
            }
        }

        // 失敗時
        @Override
        public void onReceivedError(WebView view, int errorCode,
        String description, String failingUrl) {
            if (mPrgDlg != null) mPrgDlg.dismiss();
            mPrgDlg = null;
        }
    });
```

```
    // WebビューをActivityに登録
    setContentView(mWebView);

    // 読み込み(リダイレクトで別ページに飛ばされる)
    mWebView.loadUrl(WK_URL);
```

> WebViewの各種設定をしたあとsetContentViewでビューをActivityに登録している
> Webページの表示はloadUrlメソッドにURLを指定するだけでよい

```
}
```

// 停止時に呼ばれるメソッド

```
@Override
public void onStop() {
    super.onStop();
    mWebView.clearHistory();      // 閲覧履歴をクリア
}
```

```
//-----------------------------------------------------------
// メニュー用ID
final int MN_ID_RND = 0;    // ランダム読み込みのID
final int MN_ID_BCK = 1;    // 戻るのID
final int MN_ID_FWD = 2;    // 進むのID
```

> このアプリでは
> 「Wikipedia」
> 「戻る」「進む」の
> 3種類のメニューを
> 作成して利用するぞ

// メニュー作成

```
@Override
public boolean onCreateOptionsMenu(Menu menu) {
    super.onCreateOptionsMenu(menu);

    MenuItem mnItm;

    mnItm = menu.add(0, MN_ID_RND, 0, "Wikipedia");
    mnItm.setIcon(android.R.drawable.ic_menu_search);

    mnItm = menu.add(0, MN_ID_BCK, 0, "戻る");
    mnItm.setIcon(R.drawable.ic_menu_back);

    mnItm = menu.add(0, MN_ID_FWD, 0, "進む");
    mnItm.setIcon(R.drawable.ic_menu_forward);
```

> MenuItemはsetIconメソッドで
> アイコン画像を設定できる

```
    return true;
}
```

// メニュー選択

```java
@Override
public boolean onOptionsItemSelected(MenuItem item) {
    switch (item.getItemId()) {
        case MN_ID_RND:
            mWebView.loadUrl(WK_URL);    // ランダム読み込み
            return true;
        case MN_ID_BCK:
            mWebView.goBack();           // 戻る
            return true;
        case MN_ID_FWD:
            mWebView.goForward();        // 進む
            return true;
    }
    return false;
}
```

> なるほど MenuItemの getItemIdメソッドで 実際に選択された項目を 取得するのですね

第 11 話　ランダム Wikipedia

第12話
早撃ちガンマン

はーっ

どうしたの遊ちゃん？

最近ずっとプログラムを書いていたから疲れちゃって

だからゲームとかしてリフレッシュしたいのよ

あんたいつも遊んでばかりじゃない

ぼそっ

第 12 話　早撃ちガンマン

どうせだから自分でゲームを作ったらどうだ？

えっ？

ゲームって作れるものなの？

作れるぞ

なら頭を使わないゲームがいいわ

私は自分の脳をいたわりたいの

ぱーっ

えーまあいいだろう

頭を使わない画面タッチだけのゲームを作ろう

さすが先生 話の分かる男は好きよ

おだてても何も出ないぞ

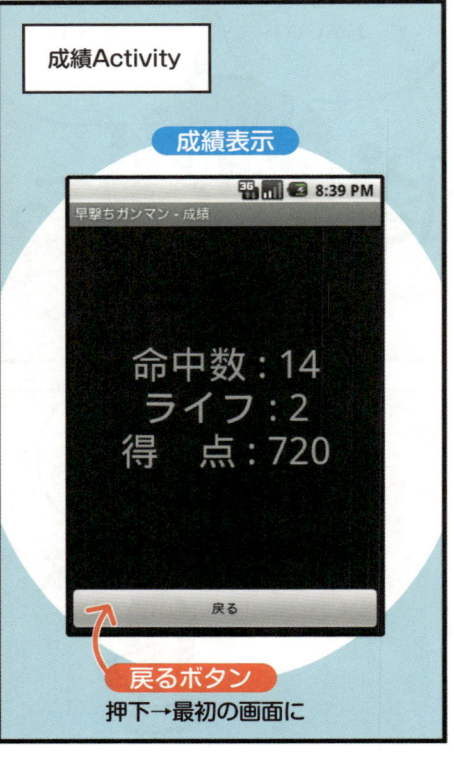

というわけで今回は少し複雑なアプリになる

Activityが3つあり以下の順番で進む

開始Activity
↓
ゲームActivity
↓
成績Activity

アプリの完成図と機能はこんな感じだ

開始Activity

タイトル画像

開始ボタン
押下→次の画面に

成績Activity

成績表示

命中数：14
ライフ：2
得　点：720

戻るボタン
押下→最初の画面に

第 12 話　早撃ちガンマン

ゲームActivity

時間表示　得点表示　ライフ表示

TIME : 27　SCORE : 0　LIFE : 3

サーフェイスビュー
画面の領域を9つに分割
タッチ ┬→ 敵表示パネル
　　　 ├→ 得点アップ
　　　 ├→ 住人表示パネル
　　　 └→ ライフ減少

時間管理スレッド
一定時間経過 → 終了表示
ライフが空に → ゲームオーバー表示

Activityが複数ありますね

ああ アプリには複数のActivityを含められる

マニフェストの大枠を掲載しておこう

```xml
<application android:icon="@drawable/icon" android:label="@string/app_name">

    <activity android:name="Start"
    android:label="@string/app_name">
        <intent-filter>
            <action android:name="android.intent.action.MAIN" />
            <category android:name="android.intent.category.LAUNCHER" />
        </intent-filter>
    </activity>

    <activity android:name="Game">
        <intent-filter>
            <action android:name="android.intent.action.MAIN" />
        </intent-filter>
    </activity>

    <activity android:name="Score">
        <intent-filter>
            <action android:name="android.intent.action.MAIN" />
        </intent-filter>
    </activity>

</application>
```

開始と成績のActivityは今までの延長ですね

ああ だから今回はゲームのActivityを中心に説明する

第12話　早撃ちガンマン

というわけで ゲーム画面をいくつかのクラスに分けるぞ

いくつかのクラス？

ゲーム画面では4つのクラスを作成する

クラス	継承元	説明
GameActivity	Activity	アプリの枠組み
GameView	SurfaceView	描画タッチをGameThreadに通知
GameThread	Thread	進行を管理 画面変更を通知
Target	独自クラス	標的の情報を格納

※ SurfaceViewは ゲームのように画面を高速描画するためのビュー

あの先生 ここからどうゲームになるのか分からないのですが

これだけでは分からないだろうな 次にメインと進行管理のスレッドについて説明をおこなう

このゲームでは
ユーザーと
メインスレッドと
進行管理スレッドの
3人が登場すると
思ってくれ
ユーザー
メイン
スレッド
進行管理
スレッド
U
M
ユーザーは
もぐら叩きの
ように
敵が出たら
画面を素早く
タッチする
敵が出た！
素早くタッチ
あたた
た
メインスレッドは
進行管理スレッドに
タッチ位置を
知らせる
おっユーザーが
タッチしたぞ
場所は
X120 Y200だ
M
情報を
受け取った
進行管理
スレッドは
敵を撃ったか
住人を撃ったか
弾が外れたかを
判定する
とんとん
ふむふむ
敵を倒したぞ

第12話 早撃ちガンマン

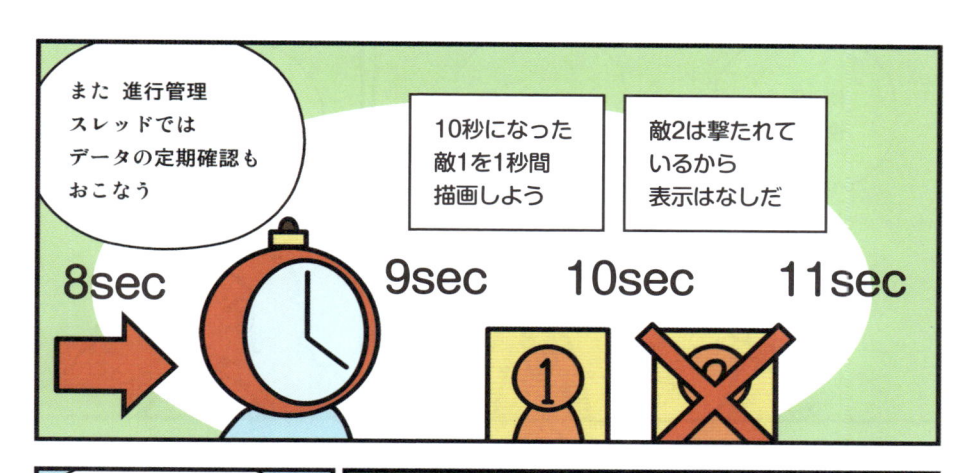

また 進行管理スレッドではデータの定期確認もおこなう

10秒になった敵1を1秒間描画しよう

敵2は撃たれているから表示はなしだ

8sec　9sec　10sec　11sec

こういった処理をプログラムで書くとこんな感じになる

GameViewの内部クラスとしてGameThreadを作成している

描画は ループ内でSurfaceHolderからCanvasを取り出しておこなう

実際にはもっと細かな処理が入るので完全なソースを参考にしてくれ

```java
public class GameView extends SurfaceView {
    private SurfaceHolder mSH;

    @Override
    public boolean onTouchEvent(MotionEvent e) {
        // 画面のタッチ処理
    }

    class GameThread extends Thread {
        @Override
        public void run() {
            mSH = getHolder();
            while (true) {
                Canvas c = null;
                try {
                    // ロックしてキャンバスを取り出す
                    c = mSH.lockCanvas(null);
                    synchronized (mSH) {
                        updtStat();   // 状態を更新
                        doDraw(c);    // 画面描画
                    }
                } finally {
                    // ロックの解放
                    if (c != null) {
                        mSH.unlockCanvasAndPost(c);
                    }
                }
            }
        }
    }
}
```

unlockCanvasAndPostで描画の更新がメインスレッドに送られる

けっこう複雑ね

そうだな

Targetクラスはどう使うんですか？

これは標的の情報を格納して管理するためのものだ

こういったデータを保持する

```
// Targetクラス内のデータ
public boolean enemy;       // 敵か否か
public boolean death;       // 死亡
public int tmStrt;          // 開始時間
public int tmEnd;           // 終了時間
public int tmDthStrt;       // 死亡開始時間
public int tmDthEnd;        // 死亡終了時間
public String msg = null;   // メッセージ
```

このTargetを配列で保持してどのタイミングでどの標的を出すか管理するんだ

このアプリは今までよりも複雑だからソースをよく見て処理を追ってくれ

そんなことはいいから早く遊ばせて

プログラムなんて動けばいいのよ

第12話　早撃ちガンマン

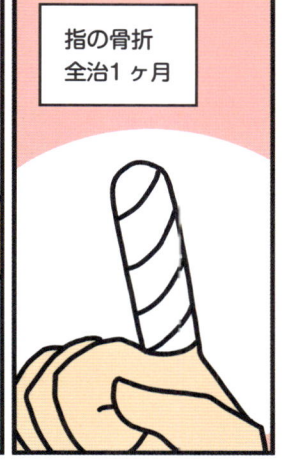

➤Intentの利用

Activityから別のActivityを呼び出す際はIntentという仕組みを利用します。

●Intent利用の例

```java
// Intentの初期化
Intent intent = new Intent();
intent.setClassName(getPackageName(), <呼び出すActivityのフルパスのクラス名>);

// Intentに追加する受け渡しデータ
Bundle bundle = new Bundle();
bundle.putIntArray(Score.KEY_SND_SCR, mScrArr);
intent.putExtras(bundle);

// 目的のActivityを開く
startActivity(intent);
```

　Intentは、Activityを開くだけでなく、その結果を受け取ることもできます。結果を受け取りたい場合は、startActivityメソッドの代わりに、startActivityForResultメソッドを利用します。

●戻り値を受け取るActivity「IntentBack.java」

```java
public static final int REQ_CODE = 1;
public static final String KEY_SEND_PARAM = "send_param";

// Activityを開く
private void openActivity() {
    Intent intent = new Intent();

    // 同じパッケージ内の「Back」クラス(Back.java)を呼び出す
    intent.setClassName(getPackageName(), getPackageName() + ".Back");
    startActivityForResult(intent, REQ_CODE);
}

// 結果の受け取り
protected void onActivityResult(int req, int res, Intent data) {
    if (req == REQ_CODE && res == RESULT_OK) {
```

```
    // 値の取得と表示
    Bundle bundle = data.getExtras();
    int p = bundle.getInt(KEY_SEND_PARAM);
    Toast.makeText(this, Integer.toString(p), Toast.LENGTH_SHORT).show();
  }
}
```

● 値を戻すActivity「Back.java」

```
// Activityを戻る
private void backActivity() {
    // 受け渡しパラメーターの作成と格納
    Bundle bundle = new Bundle();
    bundle.putInt(IntentBack.KEY_SEND_PARAM, 999);

    Intent intent = new Intent();
    intent.putExtras(bundle);

    // 戻り値を戻して終了
    setResult(RESULT_OK, intent);
    finish();
}
```

Intentにはクラス名だけでなく、URLなどを指定することもできます。URLを指定した場合はブラウザが起動します。

● URLを指定してブラウザを開く

```
try {
    // URLを表示するIntentを作成
    Intent intent = new Intent(
        Intent.ACTION_VIEW,
        Uri.parse("http://www.google.com/")
    );

    // URLを開く
    startActivity(intent);
} catch(Exception e) {}
```

アプリの使い方

▼ 図「早撃ちガンマン」開始画面の外観

▼ 「早撃ちガンマン」ゲーム画面の外観

●「早撃ちガンマン」成績画面の外観

手順

1. 開始画面で[開始]ボタンを押す。
2. ゲーム画面では次々とパネルが出てくるので、ガンマンをタッチする。
3. 連続してガンマンをタッチすると、連鎖して得点が上昇していく。
4. 村人をタッチした場合はライフが減少する。
5. 30秒が過ぎるか、ライフが0になるとゲームが終了して成績画面に移行する。
6. 成績画面で[戻る]ボタンを押すと開始画面に戻る。

プロジェクトの構成

使用するファイルは以下の通りです。

「Start.java」は開始画面のActivityです。このActivityはレイアウトとして「start.xml」を利用します。また、タイトル画像として「start_view.png」を使用します。

「Game.java」はゲーム画面のActivityです。このActivityはレイアウトとして「game.xml」を利用します。また、ゲーム用の画像として「enemy.png」「villager.png」を、音声として「bgm.mid」「bang.wav」を使用します。

「Score.java」は成績画面のActivityです。このActivityはレイアウトとして「score.xml」を利用します。

「strings.xml」には、各画面で使用する文字列やアプリケーションの名前が入っています。

ファイルリスト

リソース
res¥layout¥start.xml
res¥layout¥game.xml
res¥layout¥score.xml

res¥values¥strings.xml

res¥drawable¥start_view.png
res¥drawable¥enemy.png
res¥drawable¥villager.png

res¥raw¥bgm.mid
res¥raw¥bang.wav

ソースコード
src¥com¥crocro¥android¥hayauti¥Start.java
src¥com¥crocro¥android¥hayauti¥Game.java
src¥com¥crocro¥android¥hayauti¥GameView.java
src¥com¥crocro¥android¥hayauti¥Score.java

「AndroidManifest.xml」に複数のActivityを含める

　アプリケーションには複数のActivityを含めることができます。その際には「AndroidManifest.xml」にそれぞれのActivityの設定を書き、起動時にどのActivityを起動させるかを指定します。「android.intent.category.LAUNCHER」という値が書き込まれているActivityが、アプリ起動時に呼び出されます。

　本アプリでは、「Start」「Game」「Score」の3つのActivityを順番に表示していきます。また、「Score」の後には「Start」に戻るようにしています。
　しかしこのままでは不都合が生じます。［BACK］キーを押した際に、これらの画面を順次戻っていくと、スコアが表示された後に、ゲーム中の画面に戻るよ

うになってしまいます。

●画面の進行

Start ▶ Game ▶ Score ▶ Start ▶ Game ▶ Score ▶ ……

バックキーの押下

Start ◀ Game ◀ Score ◀ Start ◀ Game ◀ Score ◀ ……

これではゲームとしておかしい！

　そこで「android:noHistory」属性を「true」にすることで、これらのActivityの履歴を保存しないようにします。こうすると、どのActivityが表示されていても、[BACK]キーを押せばアプリケーションを抜け出して終了するようになります。

　またここでは、いくつかの設定をActivityに追加しています。「android:screenOrientation」属性を「portrait」にすることで、画面を縦向きに固定しています。また「android:configChanges」属性に「orientation|keyboard|keyboardHidden」を追加することで、画面の向きやキーボード表示/非表示時に、Activityを再起動しないようにしています。

●「AndroidManifest.xml」

```xml
<?xml version="1.0" encoding="utf-8"?>
<manifest xmlns:android="http://schemas.android.com/apk/res/android"
    package="com.crocro.android.hayauti"
    android:versionCode="1"
    android:versionName="1.0">
```

```xml
<uses-sdk android:minSdkVersion="4" />

<application android:icon="@drawable/icon"
    android:label="@string/app_name">
```

> Startが開始Activityになる
> 複数あるActivityの中から
> android.intent.category
> .LAUNCHERの
> 設定があるActivityが
> 起動時に表示される

```xml
<activity android:name="Start"
    android:label="@string/app_name" android:noHistory="true"
    android:configChanges="orientation|keyboard|keyboardHidden"
    android:screenOrientation="portrait">
    <intent-filter>
        <action android:name="android.intent.action.MAIN" />
        <category android:name="android.intent.category.LAUNCHER" />
    </intent-filter>
</activity>
```

> GameとScoreのActivityは
> 必要に応じてプログラムから
> 呼び出されるのですね

```xml
<activity android:name="Game"
    android:label="@string/app_name2" android:noHistory="true"
    android:configChanges="orientation|keyboard|keyboardHidden"
    android:screenOrientation="portrait">
    <intent-filter>
        <action android:name="android.intent.action.MAIN" />
    </intent-filter>
</activity>

<activity android:name="Score"
    android:label="@string/app_name3" android:noHistory="true"
```

```xml
            android:configChanges="orientation|keyboard|keyboardHidden"
            android:screenOrientation="portrait">
            <intent-filter>
                <action android:name="android.intent.action.MAIN" />
            </intent-filter>
        </activity>

    </application>
</manifest>
```

開始画面のレイアウトのXMLファイル「start.xml」

「res¥layout¥start.xml」

```xml
<?xml version="1.0" encoding="utf-8"?>
<LinearLayout xmlns:android="http://schemas.android.com/apk/res/android'
    android:orientation="vertical"
    android:layout_width="fill_parent"
    android:layout_height="fill_parent">

    <ImageView android:layout_weight="1"
        android:layout_width="fill_parent"
        android:layout_height="fill_parent"
        android:src="@drawable/start_view" android:scaleType="fitCenter" />
```

> ImageViewはタイトル画像を
> 表示するために
> 利用するものですね

```xml
    <Button android:text="@string/btn_strt" android:id="@+id/btnStrt"
        android:layout_width="fill_parent"
        android:layout_height="wrap_content" />
</LinearLayout>
```

ゲーム画面のレイアウトのXMLファイル「game.xml」

「res¥layout¥game.xml」

```xml
<?xml version="1.0" encoding="utf-8"?>
<LinearLayout xmlns:android="http://schemas.android.com/apk/res/android"
    android:orientation="vertical"
    android:layout_width="fill_parent"
    android:layout_height="fill_parent">
    <LinearLayout
        android:layout_width="fill_parent"
        android:layout_height="wrap_content"
        android:orientation="horizontal">

        <TextView android:text="" android:id="@+id/textView1"
            android:layout_width="0dip" android:layout_height="wrap_content"
            android:layout_weight="1" />
        <TextView android:text="" android:id="@+id/textView2"
            android:layout_width="0dip" android:layout_height="wrap_content"
            android:layout_weight="1" />
        <TextView android:text="" android:id="@+id/textView3"
            android:layout_width="0dip" android:layout_height="wrap_content"
            android:layout_weight="1" />
```

> これらのTextViewには得点やライフ時間といったステータスを表示させる

```xml
    </LinearLayout>
    <com.crocro.android.hayauti.GameView android:id="@+id/gmVw"
        android:layout_weight="1"
        android:layout_width="fill_parent"
        android:layout_height="fill_parent"/>
</LinearLayout>
```

成績画面のレイアウトのXMLファイル「score.xml」

「res¥layout¥score.xml」

```xml
<?xml version="1.0" encoding="utf-8"?>
<LinearLayout xmlns:android="http://schemas.android.com/apk/res/android'
    android:orientation="vertical"
    android:layout_width="fill_parent"
    android:layout_height="fill_parent">

    <TextView android:id="@+id/textView1"
        android:layout_width="fill_parent"
        android:layout_height="fill_parent"
        android:src="@drawable/start_view" android:scaleType="fitCenter"
        android:layout_weight="1" android:textSize="40sp"
        android:editable="false" android:gravity="center" />
```

> このTextViewに
> 成績を表示するんですね

```xml
    <Button android:text="@string/btn_bck" android:id="@+id/btnBck"
        android:layout_width="fill_parent"
        android:layout_height="wrap_content"/>
</LinearLayout>
```

文字列データのXMLファイル「strings.xml」

「res¥values¥strings.xml」

```xml
<?xml version="1.0" encoding="utf-8"?>
<resources>
    <string name="app_name">早撃ちガンマン</string>
    <string name="app_name2">早撃ちガンマン - ゲーム</string>
    <string name="app_name3">早撃ちガンマン - 成績</string>
    <string name="btn_strt">開始</string>
    <string name="btn_bck">戻る</string>
```

```xml
<string name="hit">命中数 : %s</string>
<string name="life">ライフ : %s</string>
<string name="scr">得 点 : %s</string>
```

%sはStringクラスの
formatメソッドで
値を挿入する部分だ

```
</resources>
```

▶ タイトル画像「start_view.png」、敵画像「enemy.png」、村人画像「villager.png」

▶ 開始画面のプログラム本体「Start.java」

「src¥com¥crocro¥android¥hayauti¥Start.java」

```java
package com.crocro.android.hayauti;

import android.app.Activity;
import android.cortent.Intent;
import android.os.Bundle;
import android.view.View;
import android.widget.Button;

public class Start extends Activity {
```

第12話 早撃ちガンマン

> // Activity作成時に呼ばれるメソッド

```java
@Override
public void onCreate(Bundle savedInstanceState) {
    super.onCreate(savedInstanceState);
    setContentView(R.layout.start);

    // 開始ボタンの処理を追加
    Button btnStrt = (Button)findViewById(R.id.btnStrt);
    btnStrt.setOnClickListener(new View.OnClickListener() {
        public void onClick(View v) {
```

```java
            // Intentの初期化
            Intent intent = new Intent();
            intent.setClassName(getPackageName(),
                getPackageName() + ".Game");

            // Activityを開く
            startActivity(intent);
```

> Intentは命令書のようなものだ
> setClassNameメソッドで
> 呼び出すActivityを指定できる
> ここではGameクラスを
> 呼び出している

```java
        }
    });
}
}
```

ゲーム画面のプログラム本体「Game.java」

▼「src¥com¥crocro¥android¥hayauti¥Game.java」

```java
package com.crocro.android.hayauti;

import android.app.Activity;
```

```
import android.content.Intent;
import android.os.Bundle;
import android.view.Menu;
import android.view.MenuItem;
import android.widget.TextView;

public class Game extends Activity {
    // 変数
    private GameView mGV;
    public TextView mTVTm;
    public TextView mTVScr;
    public TextView mTVLife;
```

// Activity作成時に呼ばれるメソッド
```
    @Override
    public void onCreate(Bundle savedInstanceState) {
        super.onCreate(savedInstanceState);
        setContentView(R.layout.game);

        // テキスト・ビューの設定
        mTVTm   = (TextView)findViewById(R.id.textView1);
        mTVScr  = (TextView)findViewById(R.id.textView2);
        mTVLife = (TextView)findViewById(R.id.textView3);

        // ゲーム・ビューの初期化
        mGV = (GameView)findViewById(R.id.gmVw);
        mGV.mThrd.pause(false);
    }

//------------------------------------------------------------
```

// 次の画面に移動
```
    public void nxtActvty() {
        mGV.mThrd.pause(true);

        // Intentの初期化
        Intent intent = new Intent();
        intent.setClassName(getPackageName(),
            getPackageName() + ".Score");
```

// 成績の格納
```
Bundle bundle = new Bundle();
bundle.putIntArray(Score.KEY_SND_SCR, mGV.mScrArr);
intent.putExtras(bundle);
```

> IntentにputExtrasメソッドで追加しているbundleは何ですか？

> 次のActivityに渡す値だ
> ここでは成績を
> 次のActivityに送っている
> int配列以外にも
> 様々なデータを渡せるぞ

// Activityを開く
```
    startActivity(intent);
}
```

> ここはメニューの処理ね

> そうだ
> ゲームを途中で抜けたい時用の処理を書いている

// メニュー作成
```
@Override
public boolean onCreateOptionsMenu(Menu menu) {
    super.onCreateOptionsMenu(menu);
    menu.add(0, 0, 0, "Skip");     // スキップを追加
    return true;
}
```

```java
// メニュー表示直前処理
@Override
public boolean onPrepareOptionsMenu(Menu menu) {
    mGV.mThrd.pause(true);    // 一時停止
    return true;
}

// メニュー選択
@Override
public boolean onOptionsItemSelected(MenuItem item) {
    switch (item.getItemId()) {
        case 0:
            nxtActvty();    // 次の画面に移動
            return true;
    }
    return false;
}

// メニュー閉鎖
@Override
public void onOptionsMenuClosed (Menu menu) {
    mGV.mThrd.pause(false);    // 再開
}

}
```

ゲームの表示部分(ゲームの実体)「GameView.java」

「src¥com¥crocro¥android¥hayauti¥GameView.java」

```java
package com.crocro.android.hayauti;

import java.util.Random;

import android.content.Context;
import android.content.res.Resources;
import android.graphics.Bitmap;
```

```
import android.graphics.BitmapFactory;
import android.graphics.Canvas;
import android.graphics.Color;
import android.graphics.Matrix;
import android.graphics.Paint;
import android.graphics.Rect;
import android.graphics.RectF;
import android.media.MediaPlayer;
import android.os.Handler;
import android.util.AttributeSet;
import android.view.MotionEvent;
import android.view.SurfaceHolder;
import android.view.SurfaceView;
```

```
public class GameView extends SurfaceView implements SurfaceHolder.Callback {
```

> SurfaceViewは ゲームのように
> 高速描画を行うためのビューだ

```
    // 基本的な変数
    private Game mGA;
    public GameThread mThrd;
    private int mW, mH;
    private SurfaceHolder mSrfcHldr;
    private Handler mHandler;

    private static final int MODE_PAUSE = 0;
    private static final int MODE_RUN   = 1;
    private int mMode;
    private boolean mRun, mInitEnd;

    // 時間・成績管理用変数
    private long mTmOld, mTmElps, mTmDethStrt;
    public int[] mScrArr = new int[Score.SCR_SZ];

    // 画像・描画用変数
    private Bitmap mBmpEne, mBmpVil;
    private Rect   mRctSrc;
```

```java
        private RectF mRctFDst;
        private Matrix mMtrx;
        Paint mPnt;

        // サウンド用変数
        private MediaPlayer mpBgm;
        private MediaPlayer[] mpBang;
        private static final int SE_SZ = 4;
```

```java
        // 標的の変数
        private class Target {
            public boolean enemy;      // 敵か否か
            public boolean death;      // 死亡
            public int tmStrt;         // 開始時間
            public int tmEnd;          // 終了時間
            public int tmDthStrt;      // 死亡開始時間
            public int tmDthEnd;       // 死亡終了時間
            public String msg = null;  // メッセージ
        }
        private Target[][][] mTrgtArr;      // X,Y,数
```

> これが標的の情報を格納するクラスと変数ですね

```java
        // ゲーム用定数、変数
        private static final int SEC = 1000;
        private static final int TM_BS = 1000;
        private static final int LIFE_MAX = 3;
        private static final long TM_END = (30 + 2) * SEC;   // 30秒+2秒
        private static final int PNL_X = 3;
        private static final int PNL_Y = 3;
        private static final int TRGT_MAX = 6;      // 1+2+3=6
```

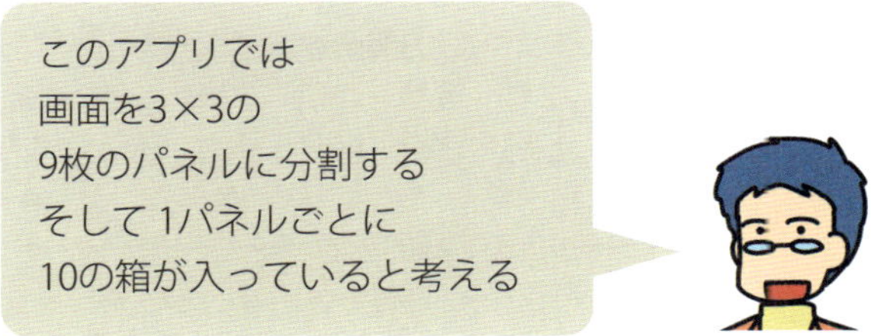

第12話　早撃ちガンマン

> このアプリでは
> 画面を3×3の
> 9枚のパネルに分割する
> そして1パネルごとに
> 10の箱が入っていると考える

```
// 画面を、3×3の9枚のパネルに分割する
// □□□
// □□□
// ■□□
// │
// └→■ ＝ ［箱0(=0秒)］［箱1(=1秒)］［箱2(=2秒)］［箱3(=3秒)］
//         ［箱4(=4秒)］［箱5(=5秒)］［箱6(=6秒)］［箱7(=7秒)］
//         ［箱8(=8秒)］［箱9(=9秒)］
// 1枚のパネルには、10個の箱が入っている。箱1つは、1秒に相当する。
```

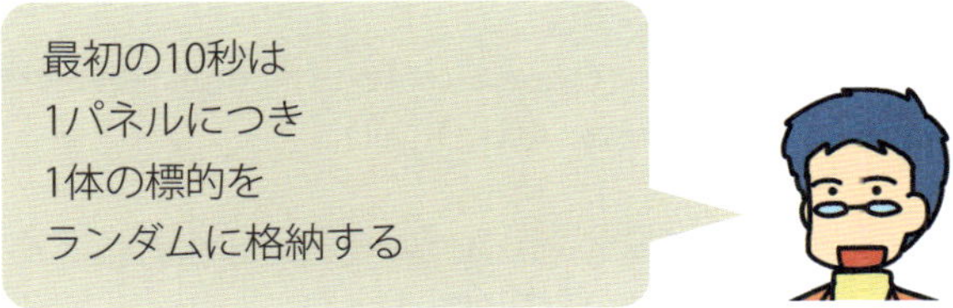

> 最初の10秒は
> 1パネルにつき
> 1体の標的を
> ランダムに格納する

```
// 最初の10秒(ランダムに1箇所を選び標的を格納する)
// 0秒  1秒  2秒  3秒  4秒  5秒  6秒  7秒  8秒  9秒
// ［空］標的 ［空］［空］［空］［空］［空］［空］［空］［空］
//       ▲
//       └─経過時間が1秒の時に標的を表示
```

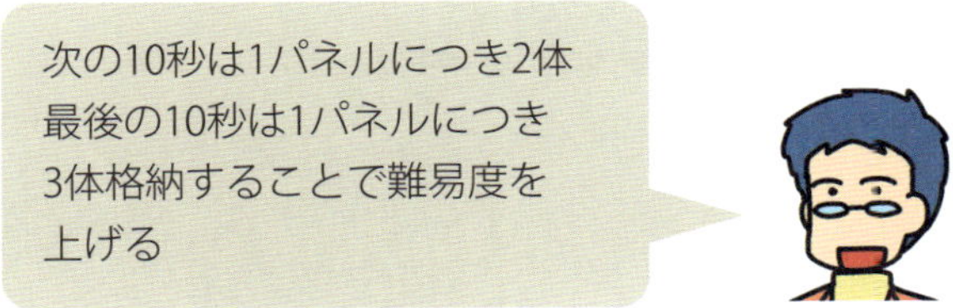

> 次の10秒は1パネルにつき2体
> 最後の10秒は1パネルにつき
> 3体格納することで難易度を
> 上げる

```
// 次の10秒(ランダムに2箇所を選び標的を格納する)
// 0秒  1秒  2秒  3秒  4秒  5秒  6秒  7秒  8秒  9秒
// ［空］［空］標的 ［空］［空］［空］標的 ［空］［空］［空
//             ▲                    ▲
//             └──ここで標的を表示──┘
```

```
// 最後の10秒（ランダムに3箇所を選び標的を格納する）
// 0秒  1秒  2秒  3秒  4秒  5秒  6秒  7秒  8秒  9秒
// [空] 標的 [空] [空] [空] 標的 [空] 標的 [空] [空]
//       ▲                  ▲        ▲
//       └──ここで標的を表示──────┘
```

```
private float mPnlW, mPnlH;   // パネルの横幅、高さ
private int mChain;           // 得点の連鎖
private Random mRnd = null;

// タッチ管理用変数
private boolean mTchFlg = false;
private float mTchX;
private float mTchY;


//------------------------------------------------------------
// コンストラクタ
public GameView(Context context, AttributeSet attrs) {
    super(context, attrs);

    // 自身を登録して、SurfaceHolder.Callbackを受けられるようにする
    mSrfcHldr = getHolder();
    mSrfcHldr.addCallback(this);

    mHandler = new Handler();
    mGA = (Game)context;
```

```
    // スレッドの初期化
    mThrd = new GameThread();
```

> GameViewクラスの内部クラスGameThreadをここで初期化している

```
    setFocusable(true);        // フォーカス
}
```

```
//-------------------------------------------------------------
```
// 画面の変更
```
@Override
public void surfaceChanged(SurfaceHolder holder, int format,
int w, int h) {
    // 画面サイズの取得
    mW = w; mH = h;

    // パネルサイズの計算
    mPnlW = mW /  PNL_X;
    mPnlH = mH /  PNL_Y;
```

```
    // 画像・描画用変数の初期化
    Resources r = mGA.getResources();
    mBmpEne = BitmapFactory.decodeResource(r, R.drawable.enemy);
    mBmpVil = BitmapFactory.decodeResource(r, R.drawable.villager);
```

画像は最初の時点で
全部読み込んで
しまうのですね

```
    mRctSrc = new Rect(0, 0, mBmpEne.getWidth(), mBmpEne.getHeight());
    mRctFDst = new RectF();
    mMtrx = new Matrix();

    mPnt = new Paint();
    mPnt.setColor(Color.YELLOW);
    mPnt.setTextSize(mH / 5);

    // サウンドの初期化
    mpBgm = MediaPlayer.create(mGA, R.raw.bgm);
    mpBgm.setLooping(true);
```

```
mpBang = new MediaPlayer[SE_SZ];
for (int i = 0; i < SE_SZ; i ++) {
    mpBang[i] = MediaPlayer.create(mGA, R.raw.bang);
}
```

> bangという効果音を
> 配列で初期化しているのは
> なぜなの？

> 効果音は
> 同時に鳴る可能性があるから
> 複数鳴らせるように
> いくつか用意しているんだ

```
// 成績の初期化
mScrArr[Score.SCR_LIFE] = LIFE_MAX;
mTmDethStrt = TM_END;
mChain = 0;
```

```
// 標的の初期化
mTrgtArr = new Target[PNL_X][PNL_Y][TRGT_MAX];
for (int x = 0; x < PNL_X; x ++) {
for (int y = 0; y < PNL_Y; y ++) {
    int insrt = 0;
    for (int i = 1; i <= 3; i ++) {
        // 10秒区切りで配列を作成
        // 最初の10秒は1体ずつ
        // 次の10秒は2体ずつ…
        int[] iArr = new int[10];
        for (int j = 0; j < i; j ++) iArr[j] = j + 1;
        shuffle(iArr);    // シャッフル

        // 0以外の値が入っている配列位置を元に標的を作成
        for (int j = 0; j < 10; j ++) {
            if (iArr[j] == 0) continue;
            Target trgt = new Target();
            trgt.tmStrt = ((i - 1) * 10 + j) * TM_BS;
```

```
                    trgt.tmEnd  = trgt.tmStrt + TM_BS;
                    trgt.enemy = (iArr[j] != 2);
                    trgt.death = false;
                    mTrgtArr[x][y][insrt] = trgt;
                    insrt ++;
                }
            }
        }
    }
```

> ここは複雑ですね

> 10個の空箱に
> 1〜3の標的を入れて
> シャッフルしているんだ
> この処理を10秒区切りで
> 3×3の全部のマス目で
> 行っている
> 変数の初期化のところも
> 参考にしてくれ

```
    mInitEnd = true;    // 初期化終了
}
```

// 画面の作成
```
@Override
public void surfaceCreated(SurfaceHolder holder) {
    // スレッドの開始
    mRun = true;
    mThrd.start();
}
```

// 画面の終了
```
@Override
public void surfaceDestroyed(SurfaceHolder holder) {
```

```
    // スレッドが終了するまで待機
    boolean retry = true;
    mRun = false;
    while (retry) {
        try {
            mThrd.join();
            retry = false;
        } catch (InterruptedException e) {}
    }
}

// 画面フォーカスの変更
@Override
public void onWindowFocusChanged(boolean hasWindowFocus) {
    if (! hasWindowFocus) mThrd.pause(true);
}

// int配列のシャッフル
private void shuffle(int[] srcArr) {
    int sz = srcArr.length;
    if (mRnd == null) mRnd = new Random();
    for (int n = sz; n > 1; n --) {
        int i = n - 1;
        int j = mRnd.nextInt(n);
        int tmp = srcArr[i];
        srcArr[i] = srcArr[j];
        srcArr[j] = tmp;
    }
}


//-------------------------------------------------------------
// 画面のタッチ
@Override
public boolean onTouchEvent(MotionEvent event) {
    // ダウン以外は無視
    if (event.getAction() != MotionEvent.ACTION_DOWN) return true;

    synchronized (mSrfcHldr) {
        // タッチ位置を記録
        mTchFlg = true;
```

```
        mTchX = event.getX();
        mTchY = event.getY();
    }
```

> 画面のタッチは
> どのタイミングで
> 行われるか分からない
> スレッドの処理中に
> 値が書き換わると
> おかしなことになる
> だからsynchronizedブロックで
> スレッドの処理と同時には
> 処理されないようにしている

```
    return true;
}

//-------------------------------------------------------------
```
// ゲーム用スレッド
```
class GameThread extends Thread {
```
　// run
```
    @Override
    public void run() {
        // 時間の初期化
        mTmOld = System.currentTimeMillis();
```

> このwhileの中が
> スレッドで何度も
> ループされる部分ね

```
        // スレッドのループ処理
        while (mRun) {
            try {sleep(20);} catch (Exception e) {}
            if (! mInitEnd) continue;    // 画面初期化がまだ

            Canvas c = null;
            try {
```

```
            // ロックしてキャンバスを取り出す
            c = mSrfcHldr.lockCanvas(null);
            synchronized (mSrfcHldr) {
                if (mMode == MODE_RUN) updtStat();
                doDraw(c);
            }
        } finally {
            // ロックの解放
            if (c != null) mSrfcHldr.unlockCanvasAndPost(c);
        }
```

> Canvasを取り出して描画に利用するこの部分がSurfaceViewで最も重要な部分になる
> また ゲームの処理や描画は画面のタッチ処理と重ならないようにsynchronizedブロックで囲ってある

```
        }
    }

    // 一時停止/再開
    public void pause(boolean flg) {
        synchronized (mSrfcHldr) {
            if (flg) {
                mMode = MODE_PAUSE;
                if (mpBgm != null) mpBgm.stop();    // 停止
            } else {
                mTmOld = System.currentTimeMillis();
                mMode = MODE_RUN;
            }
        }
    }
```

//--
// 描画
```
private void doDraw(Canvas c) {
```

> ここではゲームの
> 描画処理を行う

```
    // 初期化
    c.drawColor(Color.BLACK);          // 背景の初期化
    boolean isVillagerHit = false;     // 村人命中判定フラグ

    // 標的の描画
    for (int x = 0; x < PNL_X; x ++) {
    for (int y = 0; y < PNL_Y; y ++) {
    for (int i = 0; i < TRGT_MAX; i ++) {
        Target t = mTrgtArr[x][y][i];

        if (! t.death) {
            // 生存時の有効判定
```

> 描画タイミングの標的が
> 生きていれば普通に描画する

```
            if (mTmElps < t.tmStrt || t.tmEnd <= mTmElps) {
                continue;
            }
            double rate = (mTmElps - t.tmStrt) * 1.0 / TM_BS;

            // 描画
            Bitmap bmp = t.enemy ? mBmpEne : mBmpVil;
            mRctFDst.left   = mPnlW * x;
            mRctFDst.top    = mPnlH * (y + 1)
                    - (float)(mPnlH * Math.sin(rate * Math.PI));
            mRctFDst.right  = mPnlW * (x + 1);
            mRctFDst.bottom = mPnlH * (y + 1);
            c.drawBitmap(bmp, mRctSrc, mRctFDst, null);
        } else {
```

// 死亡時の有効判定

> 死んでいれば
> 回転しながら遠ざかるように
> 描画する

```
if (mTmElps < t.tmDthStrt || t.tmDthEnd <= mTmElps) {
    continue;
}
double rate = (mTmElps - t.tmDthStrt) * 1.0 / TM_BS;

// 敵もしくは村人の画像を取得
Bitmap bmp = t.enemy ? mBmpEne : mBmpVil;
int bmpW = bmp.getWidth();
int bmpH = bmp.getWidth();

// 回転縮小描画用のマトリクスを作成
mMtrx.reset();
float scaleX = mPnlW / bmpW * (1 - (float)rate);
float scaleY = mPnlH / bmpH * (1 - (float)rate);
mMtrx.postTranslate(-bmpW * 0.5f, -bmpH * 0.5f);
mMtrx.postScale(scaleX, scaleY);
mMtrx.postRotate((float)(360 * rate * 10));
mMtrx.postTranslate(
    mPnlW * (x + 0.5f), mPnlH * (y + 0.5f)
);

// 描画
c.drawBitmap(bmp, mMtrx, null);
```

```
// 得点表示
if (t.msg != null) {
    int dwX = (int)(mW - mW * 2 * rate);
    int dwY = mH / 2;
    c.drawText(t.msg, dwX, dwY, mPnt);
}
```

第 12 話　早撃ちガンマン

> ここはdrawTextで
> 獲得得点を表示して
> いるのですね

```
        // 村人命中時の赤表示を有効に
        if (! t.enemy) isVillagerHit = true;
      }
    }
  }
}
```

```
// 村人命中時の赤表示
if (isVillagerHit) c.drawColor(Color.argb(128, 255, 0, 0));
```

> 間違えて村人を
> 撃ってしまった場合は
> 半透明（α値128）の赤色で
> 画面が塗り潰されるのね

```
}
```

```
//-------------------------------------------------------------
```
// ゲーム状態の更新
```java
private void updtStat() {
```

> ここではゲームの
> 進行状態を管理する

```java
    // 時間の更新
    long tm = System.currentTimeMillis();
    mTmElps += tm - mTmOld;
    mTmOld = tm;

    // 再生
    if (! mpBgm.isPlaying()) mpBgm.start();
```

```
//------------------------------------------------------------
// 命中処理
if (mTchFlg) {
    mTchFlg = false;
```

> 画面のタッチがあった場合は
> 命中判定を行う

```
    // 命中判定
    int x = (int)(mTchX / mPnlW);
    int y = (int)(mTchY / mPnlH);

    for (int i = 0; i < TRGT_MAX; i ++) {
        Target t = mTrgtArr[x][y][i];

        // 有効判定
        if (t.death) continue;
        if (mTmElps < t.tmStrt || t.tmEnd <= mTmElps) continue;

        // 命中処理
        if (t.enemy) {
            // 敵の場合
            mChain ++;      // 得点の連鎖
            int pnt = mChain * 10;
            mScrArr[Score.SCR_SCR] += pnt;    // 得点の加算
            mScrArr[Score.SCR_HIT] ++;        // 命中回数の加算
            t.msg = "" + pnt;
        } else {
            // 村人の場合
            mScrArr[Score.SCR_LIFE] --;        // ライフの減少
            if (mScrArr[Score.SCR_LIFE] < 0) {
                mScrArr[Score.SCR_LIFE] = 0;
            }
            mChain = 0;
        }
        t.death = true;
        t.tmDthStrt = (int)mTmElps;
        t.tmDthEnd  = (int)mTmElps + TM_BS;
//------------------------------------------------------------
```

```
                    // 効果音
                    for (int j = 0; j < SE_SZ; j ++) {
                        if (! mpBang[j].isPlaying()) {
                            mpBang[j].start();
```

> 命中していれば
> 効果音も鳴らすのね

```
                            break;
                        }
                    }
            }
        }

        //-----------------------------------------------------------
        // 成績表示欄の更新
        updtScr();

        // ゲームの終了判定
        if (mScrArr[Score.SCR_LIFE] <= 0 && mTmDethStrt == TM_END) {
            mTmDethStrt = mTmElps;
        }

        if (mTmElps > TM_END || mTmElps > mTmDethStrt + SEC) {
            mRun = false;
            mGA.nxtActvty();
        }
```

> ゲームが終了していれば
> 次のActivityに移行する

```
    }

    // 成績表示欄の更新
    private void updtScr() {
        mHandler.post(new Runnable() {
            @Override
            public void run() {
```

```
                mGA.mTVTm.setText   ("TIME : " + (mTmElps / SEC));
                mGA.mTVScr.setText ("SCORE : " + mScrArr[Score.SCR_SCR]);
                mGA.mTVLife.setText("LIFE : "  + mScrArr[Score.SCR_LIFE]);
            }
        });
    }
  }
}
```

成績画面のプログラム本体「Score.java」

「src¥com¥crocro¥android¥hayauti¥Score.java」

```
package com.crocro.android.hayauti;

import android.app.Activity;
import android.content.Intent;
import android.content.res.Resources;
import android.os.Bundle;
import android.view.KeyEvent;
import android.view.View;
import android.widget.Button;
import android.widget.TextView;

public class Score extends Activity {
    // 変数
```

```
    public static final String KEY_SND_SCR = "send_score";
```

> ゲーム画面から成績を送るためにキーとなる変数を用意している

```
    public static final int SCR_HIT  = 0;
    public static final int SCR_LIFE = 1;
    public static final int SCR_SCR  = 2;
```

```
public static final int SCR_SZ   = 3;
```

// **Activity作成時に呼ばれるメソッド**
```
@Override
public void onCreate(Bundle savedInstanceState) {
    super.onCreate(savedInstanceState);
    setContentView(R.layout.score);

    // 成績文字列の作成
    Intent intent = getIntent();
    int[] scrArr = intent.getIntArrayExtra(KEY_SND_SCR);
    Resources r = this.getResources();
    StringBuilder sb = new StringBuilder();
    sb
    .append(r.getString(R.string.hit,  scrArr[SCR_HIT])).append("¥n")
    .append(r.getString(R.string.life, scrArr[SCR_LIFE])).append("¥n")
    .append(r.getString(R.string.scr,  scrArr[SCR_SCR]));
```

// 入力欄の初期化
```
    TextView textView = (TextView) findViewById(R.id.textView1);
    textView.setText(sb.toString());
```

TextViewを使って
成績を表示しているのね

// [BACK]キーの処理を追加
```
    Button btnBck = (Button)findViewById(R.id.btnBck);
    btnBck.setOnClickListener(new View.OnClickListener() {
        public void onClick(View v) {
            doBck();      // 戻る
        }
    });
}
```

// **[BACK]キー操作時の処理**
```
public boolean onKeyDown(int keyCode, KeyEvent event) {
    if (keyCode == KeyEvent.KEYCODE_BACK) {
        doBck();          // 戻る
```

```
            return true;     // 有効
        }
        return false;    // 無効
    }
```

> [BACK]キーの操作を
> 登録しているのはなぜですか？

> 成績画面では
> 開始画面に戻ろうとして
> [BACK]キーを押すことが多い
> そうすると
> アプリが終了してしまう
> だから[BACK]を押した際は
> プログラム側で処理を
> 用意しておいて
> 開始画面に移動するように
> しているんだ

```
    // 戻る処理
    public void doBck() {
        // Intentの初期化
        Intent intent = new Intent();
        intent.setClassName(getPackageName(),
            getPackageName() + ".Start");

        // Activityを開く
        startActivity(intent);
    }
}
```

第 12 話　早撃ちガンマン

第13話
終わりに

というわけで駆け足だったがAndroidでアプリを作る方法を紹介した

Androidは他にも様々なアプリを作れる

もっと深く知りたい場合は分厚い本で勉強してくれ

Google Android アプリ開発ガイド

うげー勉強いやよ

そんなこと言わずに勉強しようよ

まああなたには無理ね

でも 遊ちゃんけっこういろいろ作れるようになったんじゃない？

こんなに自作アプリが並んでいるし

あらそうね
意外に多いのね
僕たち
頑張ったよね
ああ
頑張った
プログラムは
動いて初めて
楽しくなる
初めから
難しいものを
作ろうとせず
簡単なものから
作るといい
複雑
簡単
その際
完成図を先に作り
処理を書き出すと
分かりやすい
複雑なものも
分解していけば
簡単になる
というわけで
今後もいろいろ
アプリを作って
いってくれ
はーい
分かりました
END

参考になるWebサイト

最後に「Android」の開発情報を入手する上で有用なURLをいくつか掲載しておきます。

◆Google グループ- Android Developers（英語サイト）

http://groups.google.co.jp/group/android-developers

「Android」開発において必須のサイト。「Android」開発の多様なTIPSや、数々のバグ報告が上がっています。

◆日本Androidの会

https://groups.google.com/group/android-group-japan

日本語での、Android関係の質問や解答が集まっています。

◆Google Code

http://code.google.com/intl/ja/

ソース・コードを検索するサイト。「Android」の特定のクラスやメソッドを利用したい場合に、そのクラスやメソッド名を検索するとよいです。

◆ソースコード検索

http://www.google.com/codesearch

AndroidのJAVAのクラスを検索して、その内部処理を手軽に確認可能。プログラムを書いて想定外の動作をした際は、クラスの内部処理を確認するとよいです。

◆ソフトウェア技術ドキュメントを勝手に翻訳

http://www.techdoctranslator.com/

Androidのドキュメントが翻訳されています。

◆ん・ぱか工房- Androidメモ

http://www.saturn.dti.ne.jp/~npaka/android/index.html

携帯電話向けアプリケーション開発の定番サイトです。

◆Android Dev - CroCro

http://crocro.com/write/android/wiki.cgi

　拙サイト。Android関係のプログラムのソースや開発のTIPSなどを公開しています。

終わりに

　本書は、「Android」開発の入り口を、マンガとサンプルコードで解説した本です。手軽に作れ、すぐに結果を見ることができるアプリケーションを中心に紹介しています。

　Androidの開発は面倒なことが多く、不慣れな人には戸惑うことが多いでしょう。本書を利用して、まずは小さなアプリケーションを作成してもらえればと思います。そして、さらに詳しい本を購入して、もう少し高度なアプリケーションにチャレンジしてもらえればと思います。

　私も、「Android」向けのもう少し高度な本を執筆しています。ご興味のある方は「Google Androidアプリ開発ガイド」（秀和システム）をご覧いただければと思います。また、マンガでプログラムを解説する本に興味を持たれましたら、拙著「マンガでわかるJavaScript」（秀和システム）もご覧いただけると幸いです。

　それでは、肩の力を抜いて気軽にアプリを作成してください。

さくいん

■記号
@+id/ 71
@string/app_name 43
@string/hello 51

■A
Activity 45
adb 28
adb kill-server 28
adb uninstall 30
ADK 14
ADKのパス 19
ADTプラグイン 18
AlertDialog.Builder 86,95
android.intent.category.LAUNCHER
.... 202
android.permission.INTERNET
.... 133,139
android.permission.WRITE_EXTERNAL_
STORAGE 115
android.util.Log 103
android:configChanges 203
android:id 71
android:label 43
android:layout_height 71
android:layout_weight 71
android:layout_width 71
android:minSdkVersion 43
android:noHistory 203

android:orientation 70
android:screenOrientation 203
android:versionCode 42
android:versionName 43
AndroidManifest.xml 42
Androidプロジェクト 35
API Level 26
ArrayAdapter 85,93
ArrayList 85
Available packages 16
AVD 19

■B
Bitmap 111,128
BitmapFactory 111,122,147
Bundle 198

■C
Canvas 111
commit 87,97
compress 129
connect 134,151
contains 91
create 160,170
createBitmap 128
currentTimeMillis 157

■D
d 104

さくいん

DDMS 101
decodeFile 111,122
decodeStream 147
Dev Phone 38
DialogInterface.OnClickListener 96
disconnect 134,152

■ E
e 104
Eclipse 14
Environment 91
Export Signed Application Package
.... 41
extends Activity 49,59

■ F
fill_parent 71
findViewById 66
format 55
formatted 56

■ G
getDrawingCache 128
getExternalStorageState 91
getHolder 195,216
getInputStream 134,152
getResources 55
getSharedPreferences 87,97
getString 87,98
getText 55
getTextBounds 127
Google APIs (Google Inc.) 27

■ H
Handler 159,170
horizontal 70
HttpURLConnection 134,151

■ I
i 104
ImageView 167
Intent 198
invalidate 122

■ J
JDK 14
JSONArray 146
JSONObject 146

■ K
KeyEvent.KEYCODE_BACK 229
keystore 39

■ L
LinearLayout 51
List 85
ListActivity 93
loadUrl 177,184
lockCanvas 195,222
Log 103
LogCat 103

■ M
MediaPlayer 160,170
Menu 185
MenuItem 185
Min SDK Version 35

237

MotionEvent 135,148

■ N

notifyDataSetChanged. 96

■ O

onClick........................66,96
onCreate 45
onCreateOptionsMenu 178
onDestroy 45
onKeyDown......................229
onOptionsItemSelected............178
onOptionsMenuClosed 178
onPause 45
onPrepareOptionsMenu 178
onRestart.........................45
onResume 45
onSizeChanged...................125
onStart...........................45
onStop 45
onTouchEvent............... 135,148
openConnection............. 134,151
openFileInput 90

■ P

Paint............................112
PATH 23
Path 144
post........................ 159,171
ProgressDialog...................183
putExtras........................198
putString 87,97

■ R

R. 〜 71
R.layout.main 49,59
Rect.............................111
RectF............................111
Runnable 159,171

■ S

SDK ロケーション 19
setClassName 198
setDrawingCacheEnabled.........128
setIcon 185
setImageResource 172
setLayoutParams 182
setListAdapter..................85,94
setOnClickListener..............66,78
setResult 199
setText 55
setWebViewClient 182
SharedPreferences..............87,97
SharedPreferences.Editor........87,97
Shfit_JIS.........................22
show.............................95
simple_list_item_1.................94
start 160
startActivity.....................198
startActivityForResult 198
strings.xml.......................54
SurfaceHolder.............. 195,213
SurfaceView 193,195,213
synchronized................ 220,222

■T

TextView 50
Thread 157

■U

unlockCanvasAndPost. 195,222
uses-permission 115,133,139
UTF8............................22

■V

v 104
vertical..........................70
View 110
View.OnClickListener 66,78

■W

w 104
WebView 177,182
WebViewClient...................182
Web ビュー 176
wrap_content 71

■あ

アイコン 41
エミュレータ 20

■か

キャプチャ 105
コンパイル 15

■さ

最小バージョン 35
出力メソッド 104
署名 39

スレッド 156

■た

デバッグ 15,100
デバッグ構成 36

■は

配布ファイル 41
パースペクティブ 101
パス 23
パッケージ名 35
ハロー ワールド 33
ビルド・ターゲット 35
フィルタリング 104
プラットフォーム 26

■ま

文字コード 22

■ら

ライフサイクル 54
リスナー 66
レイアウト 70

著者紹介

柳井 政和（やないまさかず）

クロノス・クラウン合同会社代表社員。「好きなものを仕事にする」という経営方針により、オンラインソフト開発からAndroidアプリ、iアプリ、Webアプリの開発、記事・マンガの執筆など活動の場は多種多様。代表作に「めもりーくりーなー」「オートペディア」「全自動4コマ」など。「創活ノート」「猫プログラミング」や「番猫クロクロ」など呟のあるイラストの作品も魅力。
著書に『Google Androidアプリ開発ガイド』『マンガでわかるJavaScript』がある。

クロノス・クラウン合同会社
http://crocro.com/

カバーデザイン

(株)志岐デザイン事務所　岡崎善保

マンガでわかる
Android（アンドロイド）プログラミング

発行日　2011年　9月　1日　　　第1版第1刷

著　者　クロノス・クラウン　柳井 政和（やない まさかず）

発行者　斉藤　和邦
発行所　株式会社　秀和システム
　　　　〒107-0062　東京都港区南青山1-26-1 寿光ビル5F
　　　　Tel 03-3470-4947（販売）
　　　　Fax 03-3405-7538
印刷所　三松堂印刷株式会社

©2011 Cronus Crown　　　　　　　　Printed in Japan
ISBN978-4-7980-3065-4 C3055

定価はカバーに表示してあります。
乱丁本・落丁本はお取りかえいたします。
本書に関するご質問については、ご質問の内容と住所、氏名、電話番号を明記のうえ、当社編集部宛FAXまたは書面にてお送りください。お電話によるご質問は受け付けておりませんのであらかじめご了承ください。